试验设计方法
在印制电路制造中的应用

Experimental Design Methods for
Printed Circuit Manufacture

陈苑明　主编

电子科技大学出版社
University of Electronic Science and Technology of China Press

·成都·

图书在版编目（CIP）数据

试验设计方法在印制电路制造中的应用 / 陈苑明主编. —成都：成都电子科大出版社，2024.3
ISBN 978-7-5770-0966-7

Ⅰ. ①试… Ⅱ. ①陈… Ⅲ. ①试验设计－应用－印刷电路－制造－研究 Ⅳ. ①TN41

中国国家版本馆 CIP 数据核字（2024）第 056166 号

试验设计方法在印制电路制造中的应用
SHIYAN SHEJI FANGFA ZAI YINZHI DIANLU ZHIZAO ZHONG DE YINGYONG
陈苑明　主编

策划编辑　李述娜
责任编辑　李述娜
责任校对　熊晶晶
责任印制　段晓静

出版发行　电子科技大学出版社
　　　　　成都市一环路东一段 159 号电子信息产业大厦九楼　邮编　610051
主　　页　www.uestcp.com.cn
服务电话　028-83203399
邮购电话　028-83201495

印　　刷　成都市火炬印务有限公司
成品尺寸　170mm×240mm
印　　张　15.5
字　　数　326 千字
版　　次　2024 年 3 月第 1 版
印　　次　2024 年 3 月第 1 次印刷
书　　号　ISBN 978-7-5770-0966-7
定　　价　68.00 元

前　　言

印制电路是电子产品不可或缺的互连载体，被誉为"电子产品之母"。全球电子产品智能化程度加速了产品功能的升级换代，也带动了印制电路产业如雨后春笋般快速成长和壮大，特别是在 2006 年我国成为全球第一大印制电路制造基地之后，我国生产制造了大量集成电路封装载板、高密度互连板、高多层板、类载板、特种印制电路板等高附加值产品。但是，在先进印制电路的制程中无法回避繁多的湿法、干法制程及参数管控，而基于"降本增效"的生产理念要求快速地提升印制电路制造的效率和良率，为此在印制电路的制程优化中引入试验设计方法是有效制造管控的可信赖选择。

试验设计方法的目的是在研究过程中科学地安排和分析多因素试验，有效地统计分析实验结果，以获取最优的实验方案，提高实验的效率，缩小随机误差的影响，即生产和科研成果要实现"多快好省"。试验设计方法最早在英国、日本、美国等的工农业中大规模推广应用。我国在试验设计领域起步较晚，但是试验设计方法在质量管理方面的良好成效引起我国高度重视，特别是范福仁编写了《田间试验之统计与分析》、华罗庚推广了优选法和统筹法、方开泰和王元创建了均匀设计法等，使得试验设计方法快速在我国推广应用。

基于这一背景，作者编写了本书。全书共七章内容，重点阐述了正交试验设计、因子设计法、单纯形优化法、均匀设计法、回归分析法、响应曲面法等常用试验设计方法的基本内容，并应用于印制电路离子清洗、无氰镀金、激光切割、通孔/盲孔电镀、机械钻孔、激光钻孔、层间压合、陶瓷材料等制造参数的优化，同时在优化案例部分提供了 Minitab、DPS 等数据处理软件的实际操作指导和数据结果分析方法，力求让读者较为系统地理解和吸收试验设计方法及其在印制电路制造优化中的应用效果。

作者在编写本书技术内容和案例的过程中，得到了广州广合科技股份有限公司、珠海方正科技高密电子有限公司、深圳松柏科工股份有限公司、珠海松柏科技有限公司、珠海越亚半导体股份有限公司、东莞康源电子有限公司、四川英创力电子科技股份有限公司、珠海杰赛科技有限公司、江苏苏杭电子集团公司、成都微芯电子科技有限公司、四川钊烁电子科技有限公司、四川贞迈智能科技有限公司等产学研合作单位的大力支持，另外还参考了何为教授团队的科研成果及相关著作和文献资料，在此对这些合作单位和文献作者的默默贡献表示最衷心的感谢！

本书由电子科技大学陈苑明和洪延、四川师范大学何雪梅、广州广合科技股份有限公司黎钦源共同编写。其中，陈苑明编写第 1～3 章、黎钦源编写第 4 章、何雪梅编写第 5 章、洪延编写第 6～7 章。全书由陈苑明和洪延共同修改、整理定稿。电子科技大学何为教授和唐斌教授对全书进行了审定，在此深感表谢！

由于水平所限，书中存在错误和不足在所难免，恳请相关领域专家和广大读者给予批评指正！

编　者

2024 年 1 月

目　　录

第一章

正交试验设计及应用

在生产和科研实践中，为了改革旧工艺或试制新产品，研究者经常要做许多因素试验。如何安排多因素试验，是一个很值得研究的问题。而正交试验设计是一种以最少的试验次数，合理化地安排试验的各因素，得到理想的试验结果的科学方法。本章通过正交试验设计，对试验数据进行极差分析和多元回归分析，从而获得优化的试验参数，使得等离子处理印制电路基材的工艺可控。本章让学生了解正交试验法的基本原理，掌握多指标问题及正交表在试验设计中的灵活应用方法，掌握极差分析法与多元回归分析法的主要思想及具体步骤，并能将其灵活运用在印制电路制造的过程中，从而保证工艺的可控性，以提高产品质量和生产效率。

1.1　优化模型设计

正交试验法是研究与处理多因素试验的一种科学方法，是在实际经验与理论认识的基础上，利用一种排列整齐的规格化表——"正交表"来安排试验。正交表具有"均衡分散，整齐可比"的特点，能在考察的范围内选出代表性强的少数试验条件，做到均衡抽样。因为正交表是均衡抽样，能够通过少数的试验次数找到最好的生产和科研条件，所以正交试验法是最优的方法。

1.1.1　正交优化

下面以一个三因素三水平试验为例进行说明，其中，三因素为 A，B，C，三水平为 1，2，3。

用图 1-1 所示立方体的 27 个节点表示该 27 次试验，这种试验法叫作全面试验法。图中的 27 个交叉点为全面试验时试验点的分布位置，其中每一条线上的交点"·"为简单比较法安排试验点的分布位置；交点"●"为正交试验法安排试验时试验点的分布位置。全面试验法对各因素与试验指标之间的关系剖析得比较清楚，但试验次数太多，费时、费事。简单比较法很有效果，但选点代表性很差，如果按上述方法进行试验，试验点就完全分布在一个角上，且在一个很大的范围内没有选点。

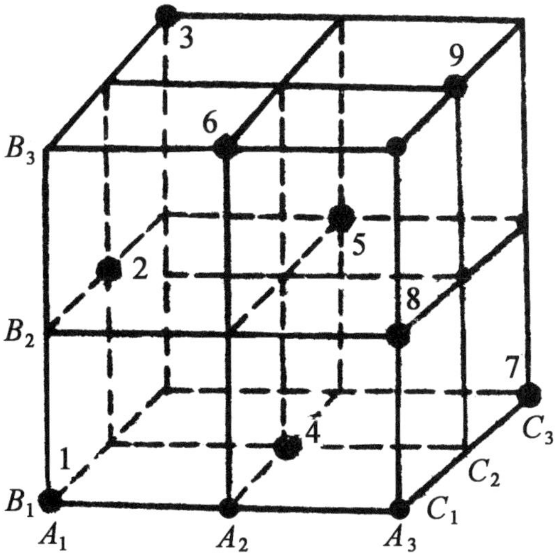

图 1-1　三种试验安排方法

对应于 A 有 A_1，A_2，A_3 等 3 个平面，对应于 B，C 也各有 3 个平面，共 9 个平面。则这 9 个平面上的试验点都应当一样多，即对每个因素的每个水平都要等同看待。具体来说，每个平面上都有 3 行、3 列，要求在每行、每列上的点一样多。这样作出如图 1-1 所示的设计，试验点用 "●" 表示。在 9 个平面中，每个平面上都恰好有 3 个点，而每个平面的每行、每列都有 1 个点，且只有 1 个点，总共 9 个点。这样的试验方案，试验点分布得很均匀，试验次数也不多。

按照正交表来安排试验，既能使试验点分布得很均匀，又能减少试验次数，且计算、分析简单，能够清晰地阐明试验条件与试验指标之间的关系。这种用正交表来安排试验及分析试验结果的方法叫作正交试验法。正交试验法是利用数理统计学和正交性原理，从大量试验点中选取适量的具有代表性的试验点，应用正交表合理安排试验的科学方法。经验表明，试验中的最好点，虽然不一定是全面试验中的最好点，但也往往是相当好的点。特别是如果其中只有 1～2 个因素起主要作用，而试验之前又不能确切地知道是哪 1～2 个因素起主要作用，用正交试验法能保证主要因素的各种可能搭配都不会漏掉。试验点在优选区的均衡分布，在数学上叫作正交，这就是正交试验法中"正交"两字的由来。

1. 用正交表安排试验步骤

（1）明确试验目的，确定考察指标。

（2）挑因素、选水平，制订因素水平表，选择合适的正交表，确定试验方案。试验目的就是要通过这些正交试验解决什么问题。

2. 正交表的使用说明

（1）试验设计。

前面的试验设计未考虑因素之间的交互作用，故选用 $L_9(3^4)$ 表较为合适。首先，三因素所处的列既可任意选择，也可将因素的次序交换。例如，在 1，2，3 列既可依次排列 A，B，C 三因素，也可排列 A，C，B 三因素。其次，把需要试验的各因素的各水平安排到正交表内的一定列后，便得到一张试验设计表，此过程叫作表头设计。

（2）试验顺序。

$L_9(3^4)$ 表说明了应做试验的次序，但进行试验时不一定按表上的号码排列，而用抽签等办法来决定。这样做的目的是减少试验中由于先后不均匀带来的误差干扰。但对有些试验，其次序却不宜随意变更。

（3）因素水平随机化。

每个因素水平并不一定总是由小到大（或由大到小）的顺序排列。按正交表安排试验，必有一次所有的"1"水平相碰在一起，而这种极端的情况有时是不希望出现的，或者说有时它没有多大的实际意义。那么究竟如何安排水平才更为妥当呢？常用的一种方法叫随机化，即对部分因素的水平做随机化排列。如果希望某一特殊水平的组合出现，那么水平的排列不随机化也是可以的。

（4）根据试验要求选用 L 表。

选择正交表除考虑因素水平外，还与试验对精度的要求有关。若试验精度要求高，则取试验次数多的 L 表；若试验精度要求不高，则取试验次数少的 L 表；若分析的交互作用多，则选用大的 L 表，以避免出现混杂；若已知的交互作用小，则选用小的 L 表。

1.1.2　极差分析法和多元回归分析法

1. 极差分析法

使用正交表安排试验，如何在试验完成后对得到的试验数据（指标）进行科学分析，从而得出正确的结论，这是试验设计的重要步骤。而极差分析法是正交试验结果的直观的统计分析方法。极差分析法能对试验结果做少量计算，通过综合比较，得出最优条件。试验方案及试验结果见表 1-1 所列。

表 1-1　试验方案及试验结果表

试验号	列号				试验指标 转化率
	A 温度 (℃) 1	B 时间 (min) 2	C 用碱量 3	4	
1	1 (80)	1 (90)	1 (5%)	1	31%
2	1 (80)	2 (120)	2 (6%)	2	54%
3	1 (80)	3 (150)	3 (7%)	3	38%
4	2 (85)	1	2	3	53%
5	2 (85)	2	3	1	49%
6	2 (85)	3	1	2	42%
7	3 (90)	1	3	3	57%
8	3 (90)	2	1	3	62%
9	3 (90)	3	2	1	64%

（1）分析因素 A。

因素 A 排在第 1 列，所以要从第 1 列来分析。如果把包含 A 因素 1 水平的每次试验（第 1，2，3 号试验）算作第一组，同样，把包含 A 因素 2 水平、3 水平的各三次试验（第 4，5，6 号及第 7，8，9 号试验）分别算第二组、第三组，那么，九次试验就分成了三组。

A_1，A_2，A_3 各自所在的那组试验中，其他因素（B，C）的 1，2，3 水平都分别出现了一次。

把第一组试验得到的试验数据相加后，取平均值，即将第 1 列 1 水平对应的第 1，2，3 号试验数据相加后取平均值，其和记为 K_1^A，平均值 $k_1^A = K_1^A / 3$，得

$$K_1^A = x_1 + x_2 + x_3 = 31\% + 54\% + 38\% = 123\%$$

$$k_1^A = \frac{K_1^A}{3} = \frac{123\%}{3} = 41\%$$

同理，把第二组试验得到的数据相加后取平均值，即将第 1 列 2 水平所对应的 4，5，6 号试验数据相加，得

$$K_2^A = x_4 + x_5 + x_6 = 53\% + 49\% + 42\% = 144\%$$

$$k_2^A = \frac{K_2^A}{3} = \frac{144\%}{3} = 48\%$$

同样，将第 1 列 3 水平所对应的第 7，8，9 号试验数据相加，得

$$K_3^A = x_7 + x_8 + x_9 = 57\% + 62\% + 64\% = 183\%$$

$$k_3^A = \frac{K_3^A}{3} = \frac{183\%}{3} = 61\%$$

于是，将 K_1^A 看作是这三次试验的数据和，即在这三次试验中，只有 A_1 水平出现三次，而 B，C 两个因素的 1，2，3 水平各出现一次（表 1-1），数据和 K_1^A 反映了三次 A_1 水平的影响和 B，C 每个因素的 1，2，3 水平各一次的影响。同样，$K_2^A(K_3^A)$ 反映了三次 $A_2(A_3)$ 水平及 B，C 每个因素的三个水平各一次的影响。

在比较 K_1^A，K_2^A，K_3^A 的大小时，可以认为 B，C 对 K_1^A，K_2^A，K_3^A 的影响是大体相同的。因此，k_1^A，k_2^A，k_3^A 之间的差异被看作是由于 A 取了三个不同的水平引起的。这也即是前面所讲的正交设计的整齐可比性。

（2）分析 B 因素。

因素排在第 2 列，所以要从第 2 列来分析。把包含 B_1 水平的第 1，4，

7 号试验数据相加，记作 K_1^B；把包含 B_2 水平的第 2，5，8 号试验数据相加，记作 K_2^B；把包含 B_3 水平的第 3，6，9 号试验数据相加，记作 K_3^B。即

$$K_1^B = x_1 + x_4 + x_7 = 31\% + 53\% + 57\% = 141\%$$

$$k_1^B = \frac{K_1^B}{3} = \frac{141\%}{3} = 47\%$$

$$K_2^B = x_2 + x_5 + x_8 = 54\% + 49\% + 62\% = 165\%$$

$$k_2^B = \frac{K_2^B}{3} = \frac{165\%}{3} = 55\%$$

$$K_3^B = x_3 + x_6 + x_9 = 38\% + 42\% + 64\% = 144\%$$

$$k_3^B = \frac{K_3^B}{3} = \frac{144\%}{3} = 48\%$$

在 B 因素取某一水平的三次试验中，其他 A，C 的三个水平也是各出现一次。所以，按第二列计算的 k_1^B，k_2^B，k_3^B 之间的差异同样是由于 B 取了三个不同的水平而引起的。

（3）计算因素 C 的 k_1^C，k_2^C，k_3^C。

总之，按正交表各列计算的 K_1，K_2，K_3 的数值差异，反映了各列所排因素选取的不同水平对指标的影响。

将第一列的 k_1，k_2，k_3 中的最大值与最小值之差算出来，这个差值叫作极差。即

$$第一列（A 因素）= k_3^A - k_1^A = 61\% - 41\% = 20\%$$

$$第二列（B 因素）= k_2^B - k_1^B = 55\% - 47\% = 8\%$$

$$第三列（C 因素）= k_2^C - k_1^C = 57\% - 45\% = 12\%$$

第一列算出的极差大小，反映了该列所排因素选取的不同水平对指标影响的大小。

为此，计算出各列的 K_1，K_2，K_3，k_1，k_2，k_3 和 R，并把它们罗列成表，见表 1-2 所列。

表 1-2 试验数据与计算分析表

| 试验号 | 列号 | | | 试验指标
转化率 |
	A 温度 (℃) 1	B 时间 (min) 2	C 用碱量 3	
1	1 (80)	1 (90)	1 (5%)	31%
2	1 (80)	2 (120)	2 (6%)	54%
3	1 (80)	3 (150)	3 (7%)	38%
4	2 (85)	1	2	53%
5	2 (85)	2	3	49%
6	2 (85)	3	1	42%
7	3 (90)	1	3	57%
8	3 (90)	2	1	62%
9	3 (90)	3	2	64%
K_1	123	141	135	
K_2	144	165	171	
K_3	183	144	144	
k_1	41	47	45	
k_2	48	55	57	
k_3	61	48	48	
R	20	8	12	

根据这些计算结果，以下提出的问题将得到解决。

①各因素对指标的影响谁主、谁次？

容易看出，一个因素对试验结果的影响大，就是主要的因素。所谓影响大，就是该因素的不同水平对应的平均收率之间的差异大。相反，一个因素对试验结果的影响小，就是次要的因素，也就是说，该因素的不同水平所对应的平均收率之间的差异小。所以根据极差 R，因素的主次可被定出。极差大，对指标的影响大，为主要因素；极差小，对指标的影响小，为次要因素。

本例中，根据极差定出的因素主次为

$$A \rightarrow C \rightarrow B$$
$$主 \longrightarrow 次$$

②各因素取什么水平？

选取因素的水平是与要求的指标有关的。如果要求的指标越大越好，则应该取使指标增大的水平，即各因素 k_1，k_2，k_3 中最大的那个水平。反之，如果要求的指标越小越好，则取其中最小的那个水平。本例中，试验目的是提高转化率，所以应该挑选每个因素 k_1，k_2，k_3 最大的那个水平，即

$$A_3 B_2 C_2$$

③什么是最优的生产条件？

各因素的水平加在一起，是否为最优生产条件？从 k_1，k_2，k_3 的计算可看出，各因素选取的水平变动，指标波动的大小，实际上是不受其他因素的水平变动的影响的。所以，把各因素的好水平简单地组合起来就是最优的生产条件。

2. 多元回归分析法

在实际情况中，试验数据不仅用来控制试验结果，还要用于探究各个变量之间的关系，这就是多元回归分析法。多元回归分析法是处理变量间相关关系的有效方法，不仅提供了建立变量间关系的数学表达式，而且利用概论统计知识进行分析讨论，从而能帮助实际工作者如何去判断所建立的经验公式的有效性，以及如何利用所得的经验公式去达到预报、控制等目的。

解决多元线性回归模型的原理是，用最小二乘法确定多元线性回归模型的常数项和回归系数。

（1）模型。

设因变量 y 与自变量 x_1，x_2，$\cdots$，x_k 有关系：

$$y = b_0 + b_1 + \cdots + b_k x_k + \varepsilon \qquad (1\text{-}1)$$

式中，ε 是随机项。

现有几组数据：

$$(y_1; x_{11}, x_{21}, \cdots, x_{k1})$$
$$(y_2; x_{12}, x_{22}, \cdots, x_{k2})$$
$$\cdots\cdots$$
$$(y_n; x_{1n}, x_{2n}, \cdots, x_{kn})$$

式中，x_{kn} 是自变量 x_k 的第 n 个值。

y_n 是 y 的第 n 个观测值。

假定：

$$\begin{cases} y_1 = b_0 + b_1 x_{11} + b_2 x_{21} + \cdots + b_k x_{k1} + \varepsilon_1, \\ y_2 = b_0 + b_1 x_{12} + b_2 x_{22} + \cdots + b_k x_{k2} + \varepsilon_2, \\ \qquad\qquad \cdots\cdots \\ y_n = b_0 + b_1 x_{1n} + b_2 x_{2n} + \cdots + b_k x_{kn} + \varepsilon_n \end{cases} \qquad (1\text{-}2)$$

式中，$b_0, b_1, \cdots, b_k$ 是待估参数。

$\varepsilon_0, \varepsilon_1, \cdots, \varepsilon_n$ 相互独立且服从相同的标准正态分布 $N(0, \sigma^2)$ [*]，σ 未知。

说明：

①所谓"多元"是指自变量有多个，而因变量还是只有一个；自变量是普通变量，因变量是随机变量。

②式（1-2）中的诸 y 是数据，而式（1-1）中的诸 y 是随机变量。把式（1-1）中的诸 y 当作式（1-2）中相应的 y 的观测值。

③式（1-1）表示 y 跟 $x_1, x_2, \cdots, x_k$ 的关系是线性的。某些非线性关系可通过适当的变换化为形式上的线性问题，如一元多项式回归问题，即显然

————————

[*] 标准正态分布又称为 u 分布，是以 0 为均数、以 1 为标准差的正态分布，记为 $N(0，1)$。

只有一个 x，但 y 对 x 的回归式是多项式：

$$\hat{y} = b_0 + b_1x + b_2x^2 + \cdots + b_kx^k$$

则可以通过变换化为多元线性回归问题（如令 $x_1 = x, x_2 = x^2, \cdots, x_k = x^k$ 就可以了）。

（2）最小二乘法与正规方程。

设影响因变量 y 的自变量共有 k 个，即 $x_1, x_2, \cdots, x_k$，通过试验得到下列几组观测数据：

$$(x_{1t}, x_{2t}, \cdots, x_{k;}\, y_t) \qquad t = 1, 2, \cdots, N \tag{1-3}$$

根据这些数据，在 y 与 $x_1, x_2, \cdots, x_k$ 之间欲配线性回归方程：

$$y = b_0 + b_1x_1 + b_2x_2 + \cdots + b_kx_k \tag{1-4}$$

用最小二乘法，选择参数 $b_0, b_1, \cdots, b_k$，使离差平方和达到最小，即使

$$Q(b_0, b_1, \cdots, b_k) = \sum_{i=1}^{N}(y_i - y)^2 = \sum_{i=1}^{N}[y_i - (b_0 + b_1x_{1t} + \cdots + b_kx_{kt})]^2 \tag{1-5}$$

最小。

由数学分析中求极小值的原理得

$$\begin{cases} \dfrac{\partial Q}{\partial b_0} = 0, \\[2mm] \dfrac{\partial Q}{\partial b_1} = 0, \\[2mm] \cdots\cdots \\[2mm] \dfrac{\partial Q}{\partial b_k} = 0 \end{cases} \tag{1-6}$$

化简并整理方程组（1-6），可得下列方程组：

$$\begin{cases} l_{11}b_1 + l_{12}b_2 + \cdots + l_{1k}b_k = l_{1y}, \\ l_{21}b_1 + l_{22}b_2 + \cdots + l_{2k}b_k = l_{2y}, \\ \qquad\qquad \cdots\cdots \\ l_{k1}b_1 + l_{k2}b_2 + \cdots + l_{kk}b_k = l_{ky} \end{cases} \qquad （1\text{-}7）$$

将方程组（3-7）写成矩阵形式为

$$\begin{bmatrix} l_{11} & l_{12} & \cdots & l_{1k} \\ l_{21} & l_{22} & \cdots & l_{2k} \\ \vdots & \vdots & & \vdots \\ l_{k1} & l_{k2} & \cdots & l_{kk} \end{bmatrix} \begin{bmatrix} b_1 \\ b_2 \\ \vdots \\ b_k \end{bmatrix} = \begin{bmatrix} l_{1y} \\ l_{2y} \\ \vdots \\ l_{ky} \end{bmatrix} \qquad （1\text{-}8）$$

$$b_0 = \bar{y} - b_1 \bar{x}_1 - \cdots - b_k \bar{x}_k \qquad （1\text{-}9）$$

其中，

$$\bar{y} = \frac{1}{n}\sum_{i=1}^{N} y_i, \quad \bar{x}_i = \frac{1}{n}\sum_{i=1}^{N} x_{it}$$
$$(i = 1, 2, \cdots, k)$$

$$l_{ij} = l_{ji} = \sum_{i=1}^{N}(x_{it} - \bar{x}_i)(x_{jt} - \bar{x}_i) = \sum_{i=1}^{N} x_{it}x_{jt} - \frac{1}{n}\left(\sum_{i=1}^{N} x_{it}\right)\left(\sum_{i=1}^{N} x_{jt}\right) \qquad （1\text{-}10a）$$
$$(i, j = 1, 2, \cdots, k)$$

$$l_{iy} = \sum_{i=1}^{N}(x_{it} - \bar{x}_i)(y_t - \bar{y}) = \sum_{i=1}^{N} x_{it}y_t - \frac{1}{n}\left(\sum_{i=1}^{N} x_{it}\right)\left(\sum_{i=1}^{N} y_t\right) \qquad （1\text{-}10b）$$
$$(i = 1, 2, \cdots, k)$$

方程组（1-10）称为正规方程。

解正规方程，可使 $Q(b_0, b_1, \cdots, b_n)$ 达到最小参数 $b_0, b_1, \cdots, b_k$。其中，b_0 为常数项，$b_1, \cdots, b_k$ 为回归系数。

（3）多元线性回归的方差分析 (analysis of variance, ANOVA)。

对于多元线性回归，有平方和分解公式：

$$l_{yy} = Q + U$$

其中，$l_{yy} = \sum_{i=1}^{N}(y_t - \overline{y})^2 = \sum_{i=1}^{N} y_t^2 - \frac{1}{n}\left(\sum_{i=1}^{N} y_t\right)^2$

$$Q = \sum_{i=1}^{N}(y_t - \hat{y}_t)^2$$

$$U = \sum_{i=1}^{N}(\hat{y}_t - \overline{y})^2 = \sum_{i=1}^{N} b_i l_{iy}$$

而 $\qquad y = b_0 + b_1 x_{1t} + b_2 x_{2t} + \cdots + b_k x_{kt} \qquad t = 1, 2, \cdots, n$

此时 U 为回归平方和，Q 为剩余平方和。

跟一元线性回归类似，有

$$U = b_1 l_{1y} + b_2 l_{2y} + \cdots + b_k l_{ky}$$

在具体计算时，用这个公式是比较方便的。

根据

$$E[Q/(n-k-1)] = \sigma^2 \qquad (1-11)$$

（实际上，可以证明 Q/r^2 服从自由度为 $n-k-1$ 的 χ^2 分布。）

记

$$\hat{\sigma}^2 = Q/(n-k-1)$$

式（1-11）表明：$\hat{\sigma}^2$ 是 σ^2 的无偏估计，实际中常用 S^2 来表示 $\hat{\sigma}^2$。

$$S = \sqrt{Q/(n-k-1)} \qquad (1\text{-}12)$$

式中，S 又叫剩余标准差。

利用 F 检验对整个回归进行显著性检验，即 Y 与所考虑的 k 个自变量 x_1，x_2，…，x_k 之间的线性关系究竟是否显著，检验方法与一元线性回归的 F 检验相同，只是这里仅能对总回归做出检验。即

$$F = \frac{U/k}{Q/(n-k-1)} = \frac{U}{kS^2} \qquad (1\text{-}13)$$

检验的时候，分别查出临界值 $F_{0.1}(k, n-k-1)$，$F_{0.05}(k, n-k-1)$，$F_{0.01}(k, n-k-1)$，并与式（1-13）计算的 F 值比较。

若 $F \geqslant F_{0.01}(k, n-k-1)$，则认为回归高度显著或称在 0.01 水平上显著；

若 $F_{0.05}(k, n-k-1) \leqslant F \leqslant F_{0.01}(k, n-k-1)$，则认为回归在 0.05 水平上显著；

若 $F_{0.1}(k, n-k-1) \leqslant F < F_{0.05}(k, n-k-1)$，则认为回归在 0.1 水平上显著；

若 $F < F_{0.1}(k, n-k-1)$，则认为回归不显著，此时 Y 与这 k 个自变量的线性关系就不确切。

多元线性回归的方差分析见表 1-3 所列。

表 1-3　方差分析表

变差来源	平方和	自由度	均方	F_{it}
回归	$U = \sum\limits_{i=1}^{N}(\hat{y}_t - \bar{y})^2 = \sum\limits_{i=1}^{N} b_i l_{iy}$	k	U/k	U/kS^2
剩余	$Q = \sum\limits_{i=1}^{N}(y_t - \hat{y}_t)^2 = l_{yy} - U$	$n-k-1$	$S^2 = Q/(n-k-1)$	—
总计	$l_{yy} = \sum\limits_{i=1}^{N}(y_t - \bar{y})^2$	$n-1$	—	—

1.2 极差分析法在无氰镀金优化中的应用

在影响柠檬酸金钾无氰镀金工艺金层厚度的众因素中，金盐浓度、pH值对平均沉积速率影响不大。在生产实践中，将金盐浓度、pH值控制在管控范围内即可。温度对平均沉积速率的影响最大，添加剂浓度次之，通过调节温度及添加剂浓度可以控制平均沉积速率。虽然杂质离子铜离子浓度上升有利于提高平均沉积速率，但是浓度太大会使镀液老化，影响镀层质量。另外，镍离子浓度太高，平均沉积速率会减慢。

无氰镀金工艺与现有有氰工艺相比，存在反应温度较高的问题，必然对设备要求高，能耗也会增加。降低温度会使沉积速率较低，从而影响生产效率，因此下面将通过正交试验对工艺参数进行优化，在适当降低温度、保证品质的同时提高沉积速率。目前，运用有氰镀金工艺镀金 8 min 的平均沉积速率基本在 0.008 μm/min，要求金层厚度≥0.05 μm。在该无氰化学镀金工艺中，将 Cu^{2+} 浓度控制在 5 ppm 以内，Ni^{2+} 浓度控制在 800 ppm 以内，以温度、添加剂浓度、pH值、金浓度为因素，用 $L_9(3^4)$ 正交试验确定最优工艺参数，沉积时间为 8 min。因素水平表及试验设计表分别见表 1-4 和表 1-5 所列。

表 1-4 正交试验各因素水平表

因素	水平		
	水准 1	水准 2	水准 3
A：金离子浓度（g/L）	0.5	1.0	1.5
B：添加剂浓度（mL/L）	180	200	220
C：温度（℃）	84	87	90
D：pH	4.9	5.1	5.3

表 1-5 $L_9(3^4)$ 正交试验设计表

序号	因素			
	A	B	C	D
1	1	1	1	1
2	1	2	2	2
3	1	3	3	3
4	2	1	2	3
5	2	2	3	1
6	2	3	1	2
7	3	1	3	2
8	3	2	1	3
9	3	3	2	1

正交试验测试结果见表 1-6 所列。从表中可以看出，9 种镀液得到的镀层可靠性均合格，故主要从平均沉积速率指标进行分析。通过极差分析法对测试结果进行处理，得到的处理结果见表 1-7 所列。

表 1-6   正交试验测试结果

试验号	平均沉积速率 (μm/min)	外观	Au／Ni 结合力	可焊性	耐蚀性	稳定性
1	0.006 625	合格	合格	合格	合格	合格
2	0.007 625	合格	合格	合格	合格	合格
3	0.008 125	合格	合格	合格	合格	合格
4	0.007 250	合格	合格	合格	合格	合格
5	0.008 125	合格	合格	合格	合格	合格
6	0.007 375	合格	合格	合格	合格	合格
7	0.007 625	合格	合格	合格	合格	合格
8	0.007 625	合格	合格	合格	合格	合格
9	0.007 375	合格	合格	合格	合格	合格

表 1-7　极差分析法处理结果表

K	因素			
	金离子 (g/L)	添加剂 (mL/L)	温度 (℃)	pH
K_1	0.022 374	0.021 50	0.021 624	0.022 125
K_2	0.022 749	0.023 37	0.022 251	0.022 626
K_3	0.022 626	0.022 875	0.023 874	0.023 001
k_1	0.007 458	0.007 167	0.007 208	0.007 375
k_2	0.007 583	0.007 792	0.007 417	0.007 542
k_3	0.007 542	0.007 625	0.007 958	0.007 667
R	0.000 012 5	0.000 625	0.000 750	0.000 292

　　由表 1-7 中的 R 值及图 1-2 可知，影响柠檬酸金钾无氰沉金平均沉积速率最大的因素是温度，最小的因素是金盐浓度。从平均沉积速率的角度分析，最佳工艺为 $A_1B_2C_3D_2$，见表 1-8 所列。

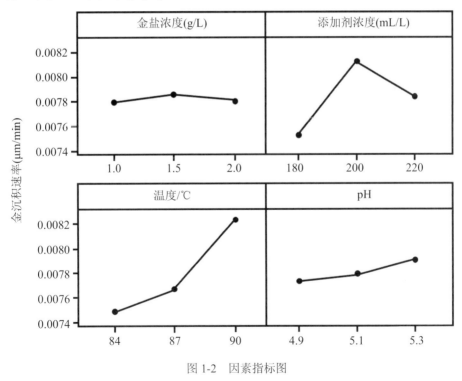

图 1-2　因素指标图

表 1-8　置换型无氰化学镀金最佳工艺条件

镀液成分及工艺条件参数	柠檬酸金钾	添加剂	pH	温度	时间
参数	3.0 g/L	200 mL/L	5.3	90 ℃	8 min

综合沉积速率、设备能力及成本等原因进行分析，可以得出柠檬酸金钾无氰沉金工艺最优工艺参数的范围，见表 1-9 所列。

表 1-9　置换型无氰化学镀金液组成及工艺条件

镀液成分及工艺条件参数	柠檬酸金钾	RW.905	pH	温度	时间
参数	1.0～3.0 g/L	180～200 mL/L	5.1～5.3	87～90 ℃	8 min

1.3　极差分析法在印制电路等离子清洗优化中的应用

1.3.1　案例介绍

在印制电路板的制造过程中，无论是刚性板还是挠性板，都含有某些 T_g（玻璃转化温度）小于 200 ℃的材料。在钻孔过程中，钻头经常会产生 200 ℃以上的高温，使得钻屑熔化在孔壁上，产生钻污。如果在沉铜前不处理干净，就会沉不上铜，造成开路，产生大量的报废。本节利用等离子体具有的渗透性和工艺精确性优势，对钻孔后的基板进行处理，优化等离子清洗的工艺参数，以及研究单一因素对刚挠结合板复合材料 (EP, PI) 的蚀刻特性，研究 O_2 进气速率 (A) 和 CF_4 进气速率 (B)、射频发生功率 (C)、温度 (D)、时间 (E) 对等离子蚀刻速率的影响。每个因素取三个水平，因素水平表见表 1-10 所列。

表 1-10　正交试验因素水平表

水平	因素				
	v_{O_2} (cc/min) (A)	v_{CF_4} (cc/min) (B)	RF (W) (C)	T (℉) (D)	t (min) (E)
1	A_1 (400)	B_1 (100)	C_1 (1500)	D_1 (110)	E_1 (8)
2	A_2 (600)	B_2 (200)	C_2 (1200)	D_2 (130)	E_2 (10)
3	A_3 (800)	B_3 (300)	C_3 (1600)	D_3 (150)	E_3 (6)

根据因素水平表，选取 $L_{27}(3^{13})$ 正交表，使用其中的 1，2，3，4，5 列，不考虑其交互作用列。正交设计试验方案及结果见表 1-11 所列。

表 1-11　正交设计试验方案及结果表

试验号	蚀刻速率试验参数					v_{EP}	v_{PI}
	$A(v_{O_2})$	$B(v_{CF_4})$	$C(RF)$	$D(T)$	$E(t)$	(mg·min^{-1})	(mg·min^{-1})
1	400	100	1500	110	8	10.25	2.75
2	400	100	1500	110	10	12.10	2.95
3	400	100	1500	110	6	11.17	3.00
4	400	200	1200	130	8	8.75	2.00
5	400	200	1200	130	10	9.50	1.80
6	400	200	1200	130	6	5.50	1.83
7	400	300	1600	150	8	9.25	1.69
8	400	300	1600	150	10	8.00	1.95
9	400	300	1600	150	6	7.83	1.75
10	600	100	1200	150	8	8.50	3.19
11	600	100	1200	150	10	9.50	4.10
12	600	100	1200	150	6	6.67	3.42
13	600	200	1600	110	8	9.75	3.63
14	600	200	1600	110	10	15.30	4.70
15	600	200	1600	110	6	11.50	3.58

（续表）

试验号	蚀刻速率试验参数					v_{EP}	v_{PI}
	$A(v_{O_2})$	$B(v_{CF_4})$	$C(RF)$	$D(T)$	$E(t)$	(mg·min^{-1})	(mg·min^{-1})
16	600	300	1500	130	8	14.63	5.13
17	600	300	1500	130	10	17.00	4.75
18	600	300	1500	130	6	12.50	5.00
19	800	100	1600	130	8	0.88	0
20	800	100	1600	130	10	0.80	0
21	800	100	1600	130	6	0.83	0
22	800	200	1500	150	8	10.13	3.75
23	800	200	1500	150	10	11.70	5.10
24	800	200	1500	150	6	10.83	4.17
25	800	300	1200	110	8	10.00	3.19
26	800	300	1200	110	10	11.50	4.00
27	800	300	1200	110	6	9.83	2.83

1.3.2　运用 Minitab 软件进行极差分析和回归分析

Minitab 软件是现代质量管理统计的领先者，其基本数据分析功能涵盖基本统计、回归分析、方差分析、试验设计分析等工作。本案例使用 Minitab 软件对试验数据进行极差分析和多元回归分析。

1. 极差分析

首先，确定好试验选取的因素和水平之后，打开 Minitab 软件，制作正交试验表。依次选择工具栏"统计"→"DOE"→"田口"→"创建田口设计"选项，调出"田口设计"对话框，如图 1-3 所示。

选择相应的因素和水平数，点击"设计"，选择 $L_{27}(3^{13})$ 正交表，点击"确定"→"因素"，填入相应的因素和水平，点击"确定"，生成正交试验表，过程如图 1-4 所示，生成的正交试验表如图 1-5 所示，将试验结果填入图 1-5 的正交表中。

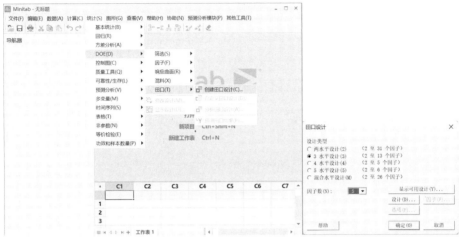

图 1-3　Minitab 软件田口设计的步骤及对话框

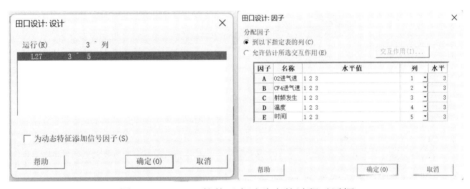

图 1-4　Minitab 软件正交试验表的过程对话框

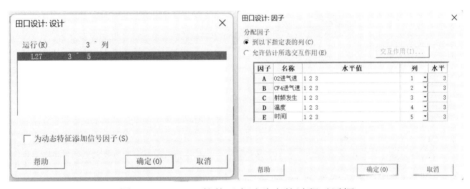

图 1-5　正交试验表生成的结果

其次，进行数据分析。依次选择工具栏"统计"→"DOE"→"田口"→"分析田口设计"选项，调出"分析田口设计"对话框，将试验数值列选择到"响应数据位于"[本例："C6, C7"分别对应 EP 蚀刻速率 (mg·min^{-1})、PI 蚀刻速率 (mg·min^{-1}) 框内]。由于本案例有两种试验结果，所以先选择 EP 蚀刻速率进行演示，再点击"分析"按钮，选择要分析的项（均值），如图 1-6 所示。

图 1-6　Minitab 田口设计中的"分析田口设计"的对话框

最后，依次点击"确定"按钮，即可得到极差分析结果，如图 1-7 所示及见表 1-12 所列。

表 1-12　EP 蚀刻速率极差分析结果表

	编号	k_1	k_2	k_3	R	优先级
A	O$_2$进气速率 (cc/min)	9.15	11.71	7.39	4.32	3
B	CF$_4$进气速率 (cc/min)	6.74	10.33	11.17	4.43	2
C	射频发生功率(W)	12.26	8.86	7.13	5.13	1
D	温度(℉)	11.27	7.82	9.16	3.45	4
E	时间(min)	9.13	10.60	8.52	2.08	5

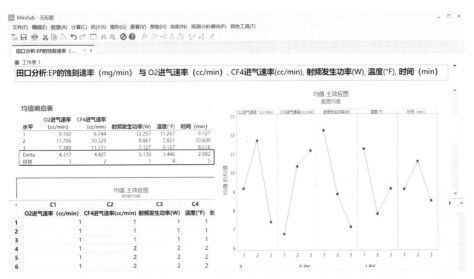

图 1-7 Minitab 分析田口设计中的 EP 蚀刻速率结果及均值主效应图（即为指标—因素图）

对 PI 蚀刻速率进行极差分析时，可直接在"响应数据位于"即在图 1-5 中选择"C7"，之后的操作与上面一样，最终能得到如图 1-8 所示的结果以及见表 1-13 所列的极差分析结果。

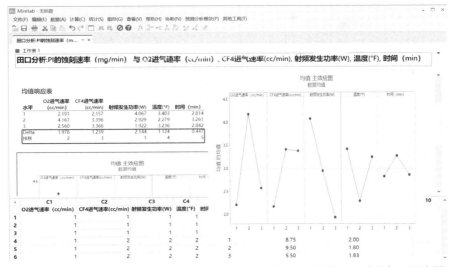

图 1-8 Minitab 分析田口设计中的 PI 蚀刻速率结果及均值主效应图（即为指标—因素图）

表 1-13   PI 蚀刻速率极差分析结果表

	编号	k_1	k_2	k_3	R	优先级
A	O_2 进气速率	2.19	4.17	2.56	1.98	2
B	CF_4 进气速率	2.16	3.40	3.37	1.24	3
C	射频发生功率	4.07	2.93	1.92	2.14	1
D	温度	3.40	2.28	3.24	1.12	4
E	时间	2.81	3.26	2.84	0.45	5

由表 1-12 和表 1-13 可得出以下结论。

EP 材料：R_{RF} (5.13) > R_{vCF4} (4.43) > R_{vO2} (4.32) > R_T (3.45) > R_t (2.08)；

主次影响因素：$RF > v_{CF4} > v_{O2} > T > t$；

PI 材料：R_{RF} (2.14) > R_{vO2} (1.98) > R_{vCF4} (1.24) > R_T (1.12) > R_t (0.45)；

主次影响因素：$RF > v_{O2} > v_{CF4} > T > t$。

射频发生功率极差 (R) 值最大，可以确定射频发生功率对 EP 蚀刻速率起决定性作用；CF_4 进气速率与 O_2 进气速率的影响次之；温度与时间也能引起 EP 蚀刻速率发生变化。分析图 1-8 中的均值主效应图，可以得出 EP 蚀刻速率最强的各因素水平组 $A_2B_3C_1D_1E_2$。由 PI 基材可知，射频发生功率极差 (R) 值最大，可以确定射频发生功率对 PI 蚀刻速率起决定性作用；CF_4 进气速率与 O_2 进气速率和温度的影响次之；而时间的极差较小，表面时间对 PI 蚀刻速率的影响力有限，不足以引起过多关注。分析图 1-7 中的均值主效应图，可以得出 EP 蚀刻速率最强的各因素水平组 $A_2B_2C_1D_1E_2$。

2. 多元回归分析

接着对试验的结果进行多元回归分析。运用所建立的回归方程，定量地解释变量之间的变化规律。对于所要考虑的五个因素，把它们对蚀刻速率的影响拟和为二次函数，忽略交互作用，建立回归方程数学模型：

$$Y = b_0 + b_1X_1 + b_2X_2 + b_3X_3 + b_4X_4 + b_5X_5 + b_6X_1^2 + b_7X_2^2 + b_8X_3^2 + b_9X_4^2 + b_{10}X_5^2$$

令 $X_6 = X_1^2$，$X_7 = X_2^2$，$X_8 = X_3^2$，$X_9 = X_4^2$，$X_{10} = X_5^2$，则

$$y = b_0 + \sum_{i}^{10} b_i X_i \tag{1-14}$$

式中，X_1 表示 O_2 进气速率。

X_2 表示 CF_4 进气速率。

X_3 表示射频发生功率。

X_4 表示温度。

X_5 表示时间。

Y_1 表示 EP 蚀刻速率。

Y_2 表示 PI 蚀刻速率。

方程中有 11 个待定系数（包括常数项 b_0），所以至少应安排 11 次试验。为了减少试验误差，该试验次数达到 27 次，完全满足设计要求。

由于模型中涉及平方项，首先对试验数据进行处理，即添加 X_1^2，X_2^2，X_3^2，X_4^2，X_5^2。其次打开 Minitab，在新的工作表中添加需要分析的数据，如图 1-9 所示。再次可进行数据分析，依次选择工具栏"统计"→"归回"→"拟合回归模型"，如图 1-10 所示，点击拟合回归模型，弹出回归窗口，如图 1-11 所示。最后响应选择为 Y_1，即 EP 蚀刻速率，选择连续预测变量，即模型中涉及变量。设置完成后，点击"确定"，在会话框内会出现结果，结果包括方差分析结果和回归方程，如图 1-12 所示。利用方差分析的 F 值和 P 值能判断回归方程是否具有意义。由此得到 Y_1 的回归方程：

$$Y_1 = -212.8 + 0.0987 X_1 + 0.0770 X_2 + 0.4340 X_3 - 1.607 X_4 - 1.21 X_5$$
$$- 0.000\,086\, X_1^2 - 0.000\,137\, X_2^2 - 0.000\,157\, X_3^2 + 0.005\,98\, X_4^2 + 0.108\, X_5^2$$

即为 EP 基材的拟合方程。

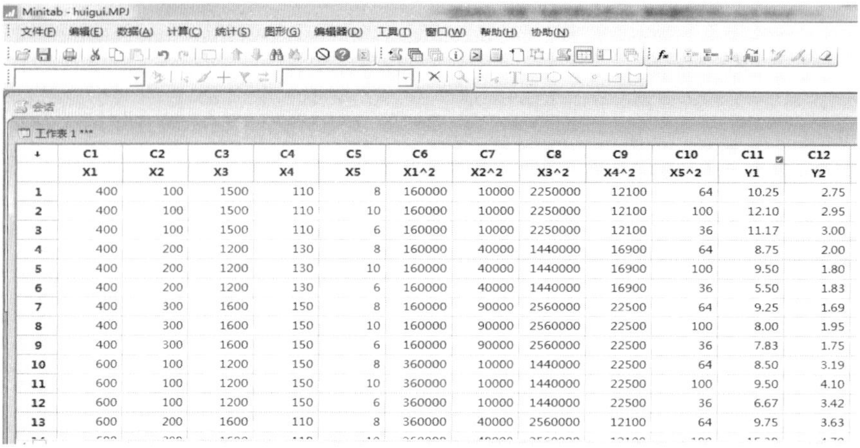

↓	C1	C2	C3	C4	C5	C6	C7	C8	C9	C10	C11	C12
	X1	X2	X3	X4	X5	X1^2	X2^2	X3^2	X4^2	X5^2	Y1	Y2
1	400	100	1500	110	8	160000	10000	2250000	12100	64	10.25	2.75
2	400	100	1500	110	10	160000	10000	2250000	12100	100	12.10	2.95
3	400	100	1500	110	6	160000	10000	2250000	12100	36	11.17	3.00
4	400	200	1200	130	8	160000	40000	1440000	16900	64	8.75	2.00
5	400	200	1200	130	10	160000	40000	1440000	16900	100	9.50	1.80
6	400	200	1200	130	6	160000	40000	1440000	16900	36	5.50	1.83
7	400	300	1600	150	8	160000	90000	2560000	22500	64	9.25	1.69
8	400	300	1600	150	10	160000	90000	2560000	22500	100	8.00	1.95
9	400	300	1600	150	6	160000	90000	2560000	22500	36	7.83	1.75
10	600	100	1200	150	8	360000	10000	1440000	22500	64	8.50	3.19
11	600	100	1200	150	10	360000	10000	1440000	22500	100	9.50	4.10
12	600	100	1200	150	6	360000	10000	1440000	22500	36	6.67	3.42
13	600	200	1600	110	8	360000	40000	2560000	12100	64	9.75	3.63

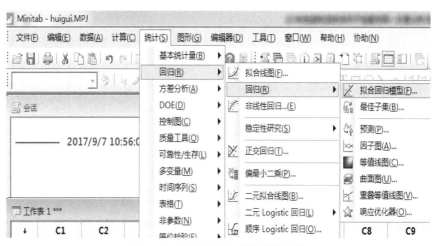

图 1-9　运用 Minitab 新建回归分析工作表格

图 1-10　使用回归分析的操作步骤

接着计算 Y_2 的回归方程，只需在图 1-11 中把响应选项换为 Y_2 即可，其他操作同上述一样。图 1-13 为回归分析 PI 基材的拟合方程结果。由此得到 Y_2 的回归方程：

$$\begin{aligned} Y_2 = & -87.4 + 0.054\,66\,X_1 + 0.031\,42\,X_2 + 0.1741\,X_3 - 0.6806\,X_4 - 0.844\,X_5 \\ & - 0.000\,045\,X_1^2 - 0.000\,063\,X_2^2 - 0.000\,063\,X_3^2 + 0.002\,601\,X_4^2 + 0.0593\,X_5^2 \end{aligned}$$

即为 PI 基材的拟合方程。

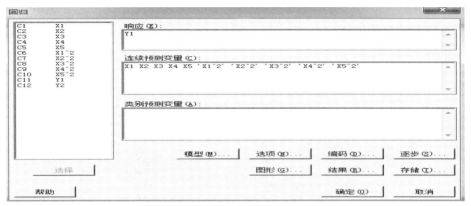

图 1-11　回归分析数据分析操作界面

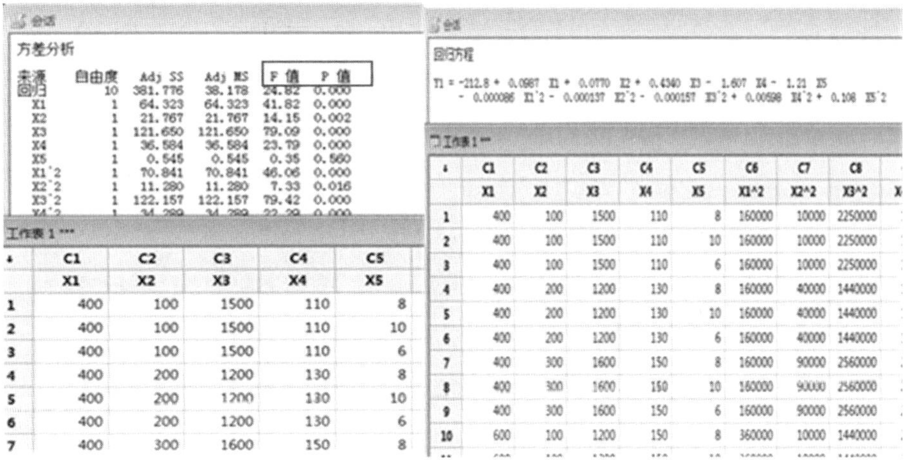

图 1-12　回归分析 EP 基材的拟合方程结果

　　本节研究 O_2 进气速率 (A) 和 CF_4 进气速率(B)、射频发生功率(C)、温度(D)、时间(E)对等离子蚀刻速率的影响，每个因素取三个水平，选取 $L_{27}(3^{13})$正交表，使用其中的 1，2，3，4，5 列，不考虑其交互作用。通过对 EP 蚀刻速率试验数据进行极差分析得出的最优试验条件为 $A_2B_3C_1D_1E_2$，即 v_{O_2}：600 cc/min，v_{CF_4}：300 cc/min，RF：1500 W，T：110 ℉，t：10 min。为了明确最优条件下的试验效果，使其与正交试验中 EP 蚀刻速率最大值 (15.3 mg·min^{-1}) 的试验效果进行对比，该试验条件为 v_{O_2}：600 cc/min，v_{CF_4}：200 cc/min，RF：1600 W，T：110 ℉，t：10min。在最优条件下，EP 蚀刻

速率为 15.7 mg·min^{-1}。为了更直观地验证最优化试验条件，对上述两组试验条件处理后的树脂基材进行孔金属化，对其进行金相切片分析，结果如图 1-14 所示。

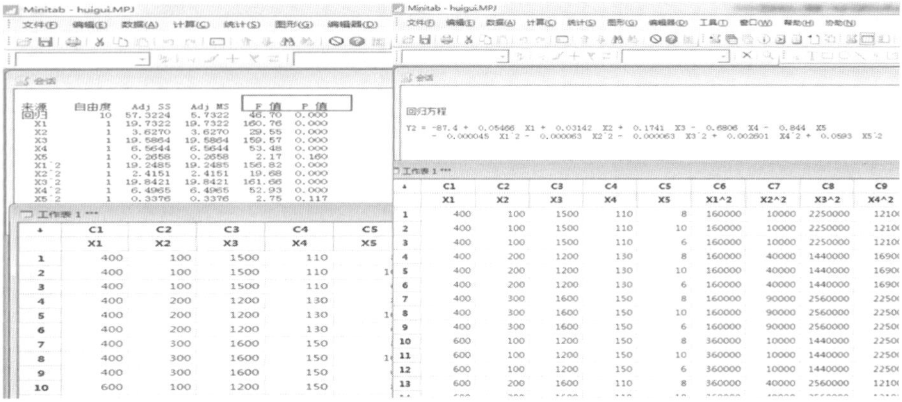

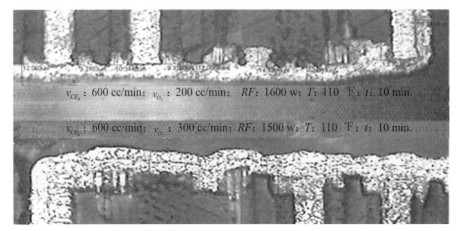

图 1-13　回归分析 PI 基材的拟合方程结果

图 1-14　在两种试验条件下处理后的树脂基材进行孔金属化的金相切片

由图可知，最优条件下 EP 层的凹蚀深度为 12～13 μm，而另一试验条件下 EP 层的凹蚀深度为 13～14 μm。根据《IPC-A-600F 印制板的验收条件》，介质材料凹蚀的理想状况是均匀地凹蚀到最佳深度 13 μm，深度在 5～25 μm 可以接受。由此也证明了 v_{O_2}：600 cc/min，v_{CF_4}：300 cc/min，RF：1500 W，T：110 ℉，t：10 min 为最佳试验条件。

第二章

正交试验方差
分析法及应用

印制电路的制造过程涉及材料、化学、机械等众多学科，影响因素众多，交互作用复杂。方差分析（analysis of variance）通过分析、研究不同来源的变异对总变异的贡献大小，从而确定可控因素对研究结果影响力的大小。本章将方差分析法引入印制电路的制造过程中，通过数据分析找出对印制电路工艺及产品品质有显著影响的因素、各因素之间的交互作用以及显著影响因素的最佳水平等，从而通过优化实现工艺可控。本章让学生了解方差分析法解决问题的思路，掌握方差分析法的主要思想及具体步骤，能将方差分析法灵活地运用在印制电路的制造过程中，以提高产品质量和生产效率。

2.1　优化模型设计

方差分析法是将因素水平（或交互作用）的变化所引起的试验结果间的差异与误差的波动区分开来的一种数学方法。

如果因素水平的变化所引起的试验结果的变动落在误差范围内，或者与误差相差不大，就可以判断这个因素水平的变化并不引起试验结果的显著变动，也就是处于相对的静止状态。相反，如果因素水平的变化所引起的试验结果的变动超过误差的范围，就可以判断这个因素水平的变动会引起试验结果的显著变动。

所谓方差分析法，就是按给出离散度的各种因素将总变差平方和进行分解，然后进行统计检验的一种数学方法，其基本理想如下：

（1）从数据中的总变差平方和中分出组内变差平方和和组间变差平方和，并赋予它们数量的表示。

（2）将组间变差平方和与组内变差平方和在一定意义下进行比较，如果两者相差不大，则说明因素水平的变化对指标影响不大；如果两者相差较大，组间变差平方和比组内变差平方和大得多，则说明因素水平的变化影响是很大的，不可忽视。

（3）选择较好的工艺条件或进一步的试验方向。

本节先针对单因素试验进行数学模型构造及方差分析，在此基础上再进行正交试验的数学模型构造及方差分析。

2.1.1　单因素试验的方差分析

1. 数学模型

设因素 A 取了 p 个水平，每个水平重复 r 次试验。由于存在试验误差，在 A_i 水平进行的 r 次试验所得的 r 个数据不一定是相等的。所以在水平 A_i 下，j 次试验结果 X_{ij} 可分解为

$$X_{ij} = \mu_i + \varepsilon_{ij} \tag{2-1}$$

式中，μ_i 是 A_i 的水平真值。

ε_{ij} 是数据中包含的误差值，是相互独立的随机变量，遵从正态分布 $N(0,\ \sigma^2)$。

式（2-1）中，μ_i 和 ε_{ij} 均是未知的。真值 μ_i 可表达为

$$\mu_i = \mu + (\mu_i - \mu) = \mu + a_i \tag{2-2}$$

式中，

$$\mu = \frac{1}{p} \sum_{i=1}^{p} \mu_i$$
$$a_i = \mu_i - \mu \quad i = 1, 2, \cdots, p$$

这里的 μ 称为一般平均。a_i 是 μ_i 对于 μ 的偏移，为 A_i 的水平效应或 A_i 的主效应，表示水平 A_i 对试验结果产生的影响，且 $\sum_{i=1}^{p} a_i = 0$。所以

$$X_{ij} = \mu + \alpha_i + \varepsilon_{ij} \quad i = 1, 2, \cdots, p \quad j = 1, 2, \cdots, r \tag{2-3}$$

方差分析的数学模型就是建立在以下三条假定的基础上的。

① $X_{ij} = \mu + a_i + \varepsilon_{ij}$ $i = 1, 2, \cdots, p$ $j = 1, 2, \cdots, r$。

② $\sum_{i=1}^{p} a_i = 0$。

③ ε_{ij} 是相互独立的，并且遵从正态分布 $(0, \sigma^2)$。

2. 统计分析

由以上三条假定建立的模型叫作线性模型。建立了线性模型后，统计分析需解决以下两个问题：参数估计和统计检验。

（1）参数估计。

参数估计即通过子样（样本，一组试验数据）算出统计量，统计量用 μ 和 $\{a_i\}$ 表示，它们的估计量用 $\hat{\mu}$ 和 $\hat{a}_i$ 表示。

根据子样平均值的定义：

$$\overline{x_i} = \frac{1}{r}\sum_{j=1}^{r} x_{ij} = \frac{1}{r}\sum_{j=1}^{r} x_{ij}(\mu + a_i + \varepsilon_{ij})$$

$$= \mu + a_i + \overline{\varepsilon_{ij}} \tag{2-4}$$

$$\overline{x} = \frac{1}{p \cdot r}\sum_{i=1}^{p}\sum_{i=1}^{r} x_{ij}$$

$$= \frac{1}{p \cdot r}\sum_{i=1}^{p}\sum_{j=1}^{r}(\mu + a_i + \varepsilon_{ij})$$

$$= \mu + \overline{\varepsilon} \tag{2-5}$$

式中，$\overline{\varepsilon_i} = \frac{1}{r}\sum_{j=1}^{r} \varepsilon_{ij}$，$\overline{\varepsilon} = \frac{1}{p \cdot r}\sum_{i=1}^{p}\sum_{j=1}^{r} \varepsilon_{ij}$。

因为 $\overline{\varepsilon_i}$，$\overline{\varepsilon}$ 是若干误差平均，假定等于零。因此，由式（2-5）有

$$\overline{x} \approx \mu$$

$$E(\overline{x}) = \mu \qquad (2\text{-}6)$$

用数学表示，即 $E(\overline{x})$ 表示 $\overline{x}$ 的数学期望。而 $\overline{x}$ 是 μ 的一个无偏估计量，记作：

$$\hat{\mu} = \overline{x} \qquad (2\text{-}7)$$

类似地，由式（2-4）减去式（2-5），得

$$\overline{x}_i - \overline{x} = \mu + a_i + \overline{\varepsilon}_i - \mu - \overline{\varepsilon}$$
$$= a_i + \overline{\varepsilon}_i - \overline{\varepsilon}$$

$\because \overline{\varepsilon}_i - \overline{\varepsilon}$ 近似为零，

$\therefore \overline{x}_i - \overline{x} = a_i$。

推出 a_i 的无偏估计是 $\overline{x}_i - \overline{x}$，即

$$\hat{a}_i = \overline{x}_i - \overline{x} \qquad (2\text{-}8)$$

于是式（2-3）可改写为

$$x_{ij} = \hat{\mu} + \hat{a}_i + l_{ij} \quad i = 1, 2, \cdots, p \quad j = 1, 2, \cdots, r \qquad (2\text{-}9)$$

式中，l_{ij} 反映了误差。

根据式（2-9）对试验数据进行分解，可看出因素的水平效应和误差大小。

（2）统计检验。

如果统计假设是对的，即因素 A 对测量指标没有影响，则效应$\{a_i\}$全为零。因此要检验因素 A 对指标的影响是否显著，就是检验统计假设 H_0：

$$a_1 = a_2 = \cdots = a_p = 0$$

为检验这个假设，需要选择一个适当的统计量。

①组内变差平方和的平均值：

$$S_e = \sum_{i=1}^{p} \sum_{j=1}^{r} (x_{ij} - \overline{x}_i)^2 \qquad (2\text{-}10a)$$

式中，S_e 为组内差方和。

②组内差方和的平均值：

$$\overline{S}_e = S_e / p(r-1) \qquad (2\text{-}10b)$$

式中，$\overline{S}_e$ 又称为组内均方，可用 $\overline{S}_e$ 估计由试验误差效应引起的方差 σ_e^2，亦即 σ_e^2 是 $\overline{S}_e$ 的数学期望值，或期望方差，即

$$E(\overline{S}_e) = \sigma_e^2 \qquad (2\text{-}11)$$

③组间变差平方和的平均值：

$$S_A = \sum_{i=1}^{p} \sum_{j=1}^{r} (\overline{x}_i - \overline{x})^2 = r \sum_{i=1}^{p} (\overline{x}_i - \overline{x})^2 \qquad (2\text{-}12)$$

式中，S_A 为组间差方和。

④组间差方和平均值（又称为组间均方）：

$$\overline{S}_A = \frac{\sum\limits_{i=1}^{p}\sum\limits_{j=1}^{r}(\overline{x}_i - \overline{x})^2}{p-1} = \frac{r\sum\limits_{i=1}^{p}(\overline{x}_i - \overline{x})^2}{p-1} \qquad (2\text{-}13)$$

$$E(\overline{S}_A) = r\sigma_A^2 + \sigma_e^2 \qquad (2\text{-}14)$$

$r\sigma_A^2 + \sigma_e^2$ 是 $\overline{S}_A$ 的数学期望或期望方差。

可以证明：

$$S_T = S_A + S_e \qquad (2\text{-}15)$$

$$f_T = f_A + f_e \qquad (2\text{-}16)$$

式（2-15）叫变差平方和分解公式。

式（2-16）叫总自由度分解公式。

3. 单因素的方差分析

如果统计假设 H_0 成立，组间均方 $\overline{S}_A$ 和组内均方 $\overline{S}_e$ 这两个统计量应该没有显著差别，可作 F 检验。F 检验时，统计量 F_A 的计算值：

$$F_A = \frac{S_A / f_A}{S_e / f_e} = \frac{\overline{S}_A}{\overline{S}_e} = \frac{r\sigma_A^2 + \sigma_e^2}{\sigma_e^2} \qquad (2\text{-}17)$$

如果统计假设成立，即分组因素 A 对测定值没有影响，则 A 的效应为零，亦即组间方 $\sigma_A^2 = 0$，则式（2-17）中：

$$F_A = \frac{\overline{S}_A}{\overline{S}_e}$$

应是与 1 相近的一个数。所以 F 近于 1，表示 H_0 成立。

如果因素 A 对指标有显著的影响，$\sigma_A^2 > 0$，则 $\dfrac{\overline{S}_A}{\overline{S}_e}$ 的值显著大于 1，这就是可用统计量 F 来检验因素 A 是否显著的原因。

F 检验可检验因素 A 的影响是否显著，但要求 F_A 多大，才能认为因素的影响显著地超过误差的影响呢？这就必须确定 F_A 比值及 F 的一个临界值 F_a。对于因素 A，只有当比值 $F_A = \overline{S}_A / \overline{S}_e$ 大于这个临界值 F_a 时，才能说因素的影响是显著的。这种临界值已由数理统计原理根据不同的自由度和显著性水平的要求制作成表，这种表叫作 F 临界值表。F 表的查法是：表上方横行的数字对应 F_A 的自由度；表左侧竖列的数字对应着 F_A 分母的自由度。如果 F_A 中分子的自由度为 f_1，分母的自由度为 f_2，则表上 f_1 所在竖列与 f_2 所在横列的交叉点上的数字就是 F_A 的临界值。利用 F 表做显著性检验，简称 F 检验。其步骤如下：

（1）计算 $F_A = \overline{S}_A / \overline{S}_e$。

（2）根据自由度 f_A、f_e 及指定的显著性水平 a 查 F 表，得临界值 $F_a (f_A, f_e)$。

（3）比较 F_A 与 F_a，做出显著性判断。

通常，若 $F_A > F_{0.01}$，说明因素 A 高度显著，记为**；

若 $F_{0.01} > F_A > F_{0.05}$，说明因素 A 显著，记为*；

若 $F_{0.05} \geqslant F > F_{0.1}$，说明因素 A 有影响，记为⊙；

若 $F_{0.1} \geqslant F \geqslant F_{0.2}$，说明因素 A 有一定影响，记为 Δ；

若 $F_{0.2} \geqslant F$，说明因素 A 无影响。

2.1.2　正交试验方差分析

1. 数学模型

假设一组三因素三水平的正交试验，根据 $L_9(3^4)$ 正交表安排 9 次试验，9 次试验结果分别以 $x_1, x_2, \cdots, x_9$ 表示。根据一般线性模型的假定，首先假定：

（1）三个因素间没有交互作用。

（2）9 个数据可分解为

$$\begin{cases} x_1 = \mu + a_1 + b_1 + c_1 + \varepsilon_1, \\ x_2 = \mu + a_1 + b_2 + c_2 + \varepsilon_2, \\ x_3 = \mu + a_1 + b_3 + c_3 + \varepsilon_3, \\ x_4 = \mu + a_2 + b_1 + c_2 + \varepsilon_4, \\ x_5 = \mu + a_2 + b_2 + c_3 + \varepsilon_5, \\ x_6 = \mu + a_2 + b_3 + c_1 + \varepsilon_6, \\ x_7 = \mu + a_3 + b_1 + c_3 + \varepsilon_7, \\ x_8 = \mu + a_3 + b_2 + c_1 + \varepsilon_8, \\ x_9 = \mu + a_3 + b_3 + c_2 + \varepsilon_9 \end{cases} \tag{2-18}$$

式中，μ 表示一般平均，估计 $\hat{\mu} = \dfrac{1}{9}\sum\limits_{i=1}^{9} x_i$ 又叫全部数据的总体平均值。

a_1，a_2，a_3 表示 A 在不同水平时的效应。

b_1，b_2，b_3 表示 B 在不同水平时的效应。

c_1，c_2，c_3 表示 C 在不同水平时的效应。

（3）各因素的效应为零，或者，各因素的效应的加和为零。

$$\begin{cases} \sum\limits_{i=1}^{3} a_i = a_1 + a_2 + a_3 = 0, \\ \sum\limits_{i=1}^{3} b_i = b_1 + b_2 + b_3 = 0, \\ \sum\limits_{i=1}^{3} c_i = c_1 + c_2 + c_3 = 0 \end{cases} \tag{2-19}$$

（4）$\{\varepsilon_i\}$ 是试验误差，它们相互独立，且遵从正态分布 $N(0, \sigma^2)$，所以多个试验误差的平均值近似等于零。

$$\frac{1}{pr}\sum_{i=1}^{p}\sum_{j=1}^{r}\varepsilon_{ij} \approx 0$$

$$\frac{1}{r}\sum_{j=1}^{r}\varepsilon_{ij} \approx 0$$

2. 参数估计

由概率统计知识，$E(\overline{x}) = \mu$。其中，$E(\overline{x})$表示$\overline{x}$的数学期望，$\overline{x}$是μ的无偏估计量，记为$\overline{x} = \hat{\mu}$，即

$$\hat{\mu} = \overline{x} = \frac{1}{9}\sum_{i=1}^{9}x_i = \frac{1}{9}(x_1 + x_2 + \cdots + x_9) \qquad （2\text{-}20）$$

由K_1^A的计算

$$\begin{aligned} K_1^A &= x_1 + x_2 + x_3 \\ &= 3\mu + 3a_1 + (b_1 + b_2 + b_3) + (c_1 + c_2 + c_3) + (\varepsilon_1 + \varepsilon_2 + \varepsilon_3) \end{aligned} \qquad （2\text{-}21）$$

将式（2-19）代入式（2-21），得

$$K_1^A = 3\mu + 3a_1 + (\varepsilon_1 + \varepsilon_2 + \varepsilon_3)$$

所以

$$k_1^A = K_1^A / 3 = \mu + a_1 + \frac{1}{3}(\varepsilon_1 + \varepsilon_2 + \varepsilon_3) \qquad （2\text{-}22）$$

同理可得

$$k_2^A = K_2^A / 3 = \mu + a_2 + \frac{1}{3}(\varepsilon_4 + \varepsilon_5 + \varepsilon_6) \qquad （2\text{-}23）$$

$$k_3^A = K_3^A / 3 = \mu + a_3 + \frac{1}{3}(\varepsilon_7 + \varepsilon_8 + \varepsilon_9) \qquad （2\text{-}24）$$

在式（2-22）至式（2-24）中，最后一项是三个误差的平均，可以认为近似为零。因此，A 效应的估计值为

$$\begin{cases} \hat{a}_1 = k_1^A - \mu, \\ \hat{a}_2 = k_2^A - \mu, \\ \hat{a}_3 = k_3^A - \mu \end{cases} \qquad (2\text{-}25)$$

这说明要比较 A 在几个不同水平时的效应的大小，通过比较 k_1^A，k_2^A，k_3^A 就可以了，而 k_1^A，k_2^A，k_3^A 的相对大小与 B 和 C 无关。

与此类似，可得到

$$\begin{cases} k_1^B = \mu + b_1 + \dfrac{1}{3}(\varepsilon_1 + \varepsilon_4 + \varepsilon_7), \\ k_2^B = \mu + b_2 + \dfrac{1}{3}(\varepsilon_2 + \varepsilon_5 + \varepsilon_8), \\ k_3^B = \mu + b_3 + \dfrac{1}{3}(\varepsilon_3 + \varepsilon_6 + \varepsilon_9) \end{cases}$$

k_1^B，k_2^B，k_3^B 只与 B 的效应和试验误差有关，与 A，C 的效应无关。k_1^C，k_2^C，k_3^C 也有类似的性质。

3. 方差分析

对于无交互作用的正交试验，从数据构造模型出发，可将总变差平方和 S_T 分解为各因素 S_i 的变差平方和与误差平方和，即

$$S_T = S_A + S_B + S_C + S_e \qquad (2\text{-}26)$$

$$f_总 = f_A + f_B + f_C + f_e \qquad (2\text{-}27)$$

自由度的计算规则为

$$\begin{cases} f_{总} = 数据总数-1, \\ f_{因} = 因素水平-1, \\ f_{误} = f_{总} - f_{因} = f_{总} - f_A - f_B - f_C \end{cases}$$

令 $\overline{x}$ 是 9 次试验的平均值：

$$\overline{x} = \frac{1}{9} \sum_{i=1}^{9} x_i$$

A 的平方和 S_A 应等于它的三个水平的均值 k_1^A，k_2^A，k_3^A 之间的变差平方和乘以每个水平的试验次数，即

$$S_A = 3[(k_1^A - \overline{x})^2 + (k_2^A - \overline{x})^2 + (k_3^A - \overline{x})^2] \qquad （2-28）$$

同理

$$S_B = 3[(k_1^B - \overline{x})^2 + (k_2^B - \overline{x})^2 + (k_3^B - \overline{x})^2] \qquad （2-29）$$

$$S_C = 3[(k_1^C - \overline{x})^2 + (k_2^C - \overline{x})^2 + (k_3^C - \overline{x})^2] \qquad （2-30）$$

总变差平方和：

$$S_T = \sum_{i=1}^{9} (x_i - \overline{x})^2 \qquad （2-31）$$

对于有交互作用的正交试验，若任意两因素之间（如 A 与 B）存在交互作用且显著，则不论因素 A，B 本身的影响是否显著，A 和 B 的最佳条件都

应从 A 与 B 的搭配中去选择。若交互作用 $A×B$ 的均方（或极差）比 A，B 的均方（或极差）都小，那么交互作用可以忽略。

2.2　方差分析法在印制电路激光切割优化中的应用

2.2.1　UV 激光切割

嵌入挠性线路 (embedded flex circuit, E-flex) 印制电路板是指将挠性线路小单元嵌入中间层刚性板中，通过积层法层压而成的高端印制电路板。E-flex 印制电路板能减少挠性基材的浪费，优化电路板的重量、体积、孔线密度、层厚度和电气性能。在 E-flex 印制电路板的制造过程中，通常采用控深铣工艺去掉挠性弯折区域上的刚性盖，露出可弯折的挠性线路，实现刚挠结合印制电路板的挠性功能。本节通过 UV 激光对 E-flex 印制电路板进行控深切割，通过正交试验及方差分析法，研究并优化 UV 激光参数对 E-flex PCB 的精细控深能力。

UV 激光切割最主要的激光参数是光斑直径、激光功率、激光频率以及 Z 轴高度，根据实际生产经验，要切割 100 μm 左右的介质层（内含大约 24 μm Cu 金属层）。根据参数选取合适参数填入正交试验的因素水平表，各因素相关水平安排见表 2-1 所列。根据正交表 $L_9(3^4)$ 安排试验，见表 2-2 所列，试验评价指标是切割深度。

表 2-1　水平因素表

因素 水平	A 激光功率 (W)	B 光斑直径 (μm)	C 激光频率 (kHz)	D Z 轴高度 (mm)
1	7	10	40	0
2	8	20	60	0.1
3	9	30	80	0.2

表 2-2　正交设计试验方案及结果表

编号	A 激光功率 (W)	B 光斑直径 (μm)	C 激光频率 (kHz)	D Z轴高度 (mm)	试验指标 切割深度 (μm)
1	7	10	40	0	58.6
2	7	20	60	0.1	63.3
3	7	30	80	0.2	69.6
4	8	10	60	0.2	75.3
5	8	20	80	0	88.5
6	8	30	40	0.1	89.2
7	9	10	80	0.1	105.3
8	9	20	40	0.2	89.7
9	9	30	60	0	95.3

2.2.2　Minitab 软件的应用

Minitab 软件是现代质量管理统计的领先者，是全球六西格玛实施的共同语言，其核心之一是进行数据分析处理，其对基本数据的分析功能涵盖基本统计、回归分析、方差分析、试验设计分析等工作。本节使用 Minitab 软件对试验数据进行极差分析和方差分析。

1. 运用 Minitab 软件进行极差分析

首先，确定好试验选取的因素和水平之后，打开 Minitab 软件，制作正交试验表。依次选择工具栏"统计"→"DOE"→"田口"→"创建田口设计"选项，调出"田口设计"对话框，如图 2-1 所示。

其次，选择相应的因素和水平数，点击"设计"，选择 $L_9(3^4)$ 正交表，点击"确定"→"因素"，填入相应的因素和水平，点击"确定"，生成正交试验表，过程如图 2-2 所示，生成的正交试验表如图 2-3 所示。将试验结果填入图 2-3 的正交表中。

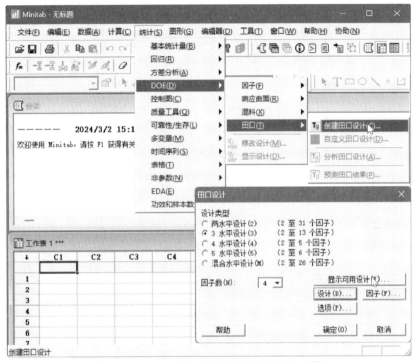

图 2-1　Minitab 软件田口设计的步骤及对话框

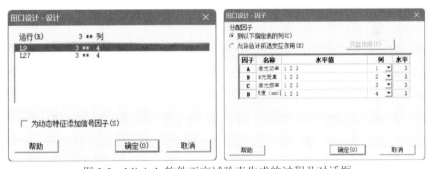

图 2-2　Minitab 软件正交试验表生成的过程及对话框

　　再次，可进行数据分析。依次选择工具栏"统计"→"DOE"→"田口"→"分析田口设计"选项，调出"分析田口设计"对话框，将试验数值列选择到"响应数据位于"[本例：先点击"C5 切割深度 (μm)"框内，再点击"分析"按钮，选择要分析的项（均值）]，如图 2-4 所示。

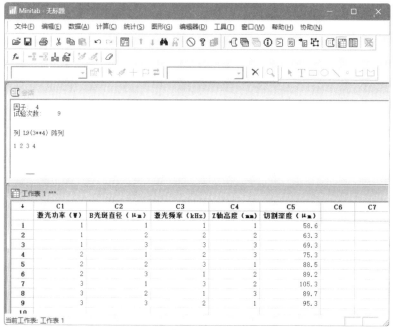

图 2-3　正交试验表生成的结果

图 2-4　Minitab 软件田口设计中的"分析田口设计"对话框

最后，依次点击"确定"，即可得到极差分析结果，见表 2-3 所列和如图 2-5、图 2-6 所示。

表 2-3 极差分析结果表

	编号	k_1	k_2	k_3	R	优先级
A	激光功率	63.8	84.3	96.7	32.9	1
B	光斑直径	79.7	80.5	84.7	5.0	4
C	激光频率	79.1	78.0	87.8	9.8	2
D	Z 轴高度	80.8	86.0	78.2	7.8	3

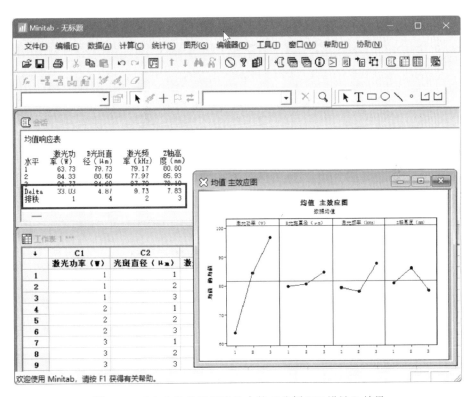

图 2-5 Minitab 软件田口设计中的"分析田口设计"结果

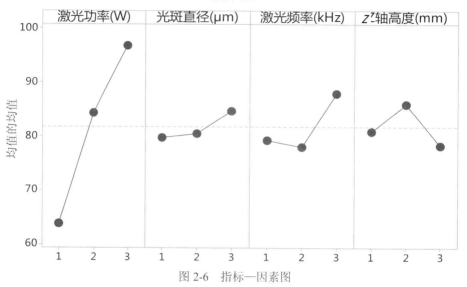

图 2-6　指标—因素图

　　由表 2-3 的极差分析结果表可以看出，影响 UV 激光切割能力的因素优先级依次为激光功率→激光频率→Z 轴高度→光斑直径。激光功率的极差 (R) 值最大，可以确定激光功率对 UV 激光切割能力起决定性作用；激光频率的影响次之；而 Z 轴高度和光斑直径的 R 值很小，表明这两种因素对 UV 激光切割能力的影响有限，不足以引起过多关注。分析图 2-6，可以得出切割能力最强的各因素水平组 $A_3B_3C_3D_2$。分析结果，激光功率和激光频率作为影响激光能量的最主要参数，其变化对切割能力影响巨大，且切割深度和激光功率、激光频率呈线性增大关系。而 Z 轴高度和光斑直径的微弱作用体现在：这两种因素在实际生产中更多的是用来控制烧焦、碳化和切割缝隙大小等，而对深度影响甚微。

2. 运用 Minitab 软件进行方差分析

　　依次选择工具栏"统计"→"方差分析"→"一般线性模型"选项，调出"一般线性模型"对话框，进行方差分析，如图 2-7 所示。

图 2-7　运用 Minitab 软件进行方差分析的步骤

根据极差分析的结果可知，激光功率对切割深度的影响最为显著；激光频率和 Z 轴高度的影响次之；光斑直径的影响最小，其影响作用可作为试验的误差因子来对待。因此使用 Minitab 软件进行方差分析时，先在"一般线性模型"窗口中只选择"激光功率 (W)""激光频率 (kHz)"和"Z 轴高度 (mm)"，将其作为因子，而把"光斑直径 (μm)"作为误差项。再将要分析的试验结果（切割深度）选择到"响应"框内；三因素"激光功率 (W)""激光频率 (kHz)"和"Z 轴高度 (mm)"选择到"模型"框内，如图 2-8 所示。得到的方差分析结果如图 2-9 所示和见表 2-4 所列。

图 2-8　运用 Minitab 软件进行方差分析的对话框

图 2-9　运用 Minitab 软件进行方差分析的结果

表 2-4　方差分析结果表

因素	偏差平方和	自由度	F 比	F 临界值	显著性
激光功率	1659.442	2	38.685	$F_{0.05}(2, 2) = 19$	*
光斑直径（误差）	42.896	2	1.000		
激光频率	172.669	2	4.025		
Z 轴高度	92.916	2	2.166		
总和	89.156	8			

方差分析结果表明，激光功率对切割深度的影响最为显著，而激光频率和 Z 轴高度的变化对切割深度无明显影响，光斑直径是显著性最小的因素。因此，针对以切割深度最大为追求目标，最优因素水平为 $A_3B_3C_3D_2$，即激光功率为 9 W，光斑直径为 0.1 mm，激光频率为 80 kHz，Z 轴高度为 0.1 mm。

2.2.3　技术应用案例分析

本试验所做的样品为 6 层 E-flex 样品，其理论控深深度为 (104 ± 10) μm，实际控深深度为 98.4 μm。因此，须控制 UV 激光切割参数，使其控深深度达到 98.4 μm。解决此问题，需要考虑以下几点：（1）由于影响 UV 激光切割能力的因素优先级依次为激光功率→激光频率→Z 轴高度→光斑直径，主要影响因子是激光功率和激光频率，因此仅需考虑调整激光功率和激光频率参数；（2）为提高切割能力和效率，对影响显著性较小的 Z 轴高度和光斑直径两因素的水平直接选取最优水平组 B_3D_2 即可；（3）参照表 2-2 的正交设计试验方案及结果表，选取接近 98.4 μm 值的试验组：7 号试验选为 105.3 μm，水平组为 A_3C_3；9 号试验选为 95.3 μm，水平组为 A_3C_2。因此激光功率 A 水平应该固定于 A_3，适当调节激光频率 C 水平，使其接近目标值。

设计相关试验参数做验证试验，寻找最接近目标的水平组。根据 C 取值的变化，选取三组参数 $A_3B_3C_1D_2$，$A_3B_3C_2D_2$，$A_3B_3C_3D_2$，做三组试验，试验编号依次为 C_1，C_2，C_3。评价多次试验结果值是否落入目标值为 98.4 μm，置信度为 95% 的置信区间。通常使用第 87 个百分位数作为此类检验的基准。

使用 Minitab 软件进行正态分布检验，如图 2-10 所示。创建概率分布密度图，以确定正态分布是否与数据拟合。

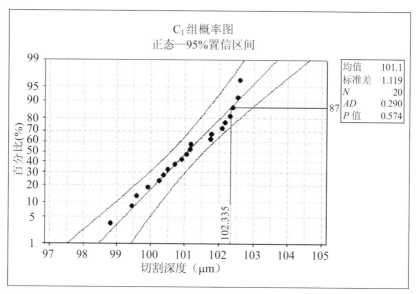

（a）C_1 组概率图

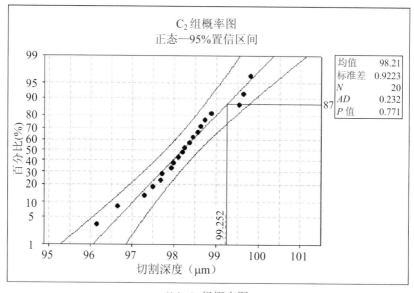

（b）C_2 组概率图

图 2-10　三组试样切割深度概率图

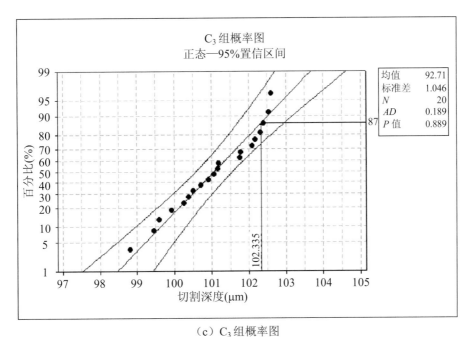

（c）C_3组概率图

图 2-10　三组试样切割深度概率图（续）

　　分析其结果：首先，三组曲线都似于一条线，且近似地符合拟合分布线，且 P 值检验为 0.1，证明三组曲线样本分布拟合得不错；其次，使用第 87 个百分位数检验，C_1 组的第 87 个估计百分位数为 102.335μm，可信度在 95%区间的为 101.702 μm 和 102.967 μm；C_2 组的第 87 个估计百分位数为 99.252 μm，可信度在 95%区间的为 98.5313 μm 和 99.7725 μm；C_3 组的第 87 个估计百分位数为 93.891 μm，可信度在 95%区间的为 93.3009 μm 和 94.4815 μm。结果表明，C_2 组的试验结果更接近 98.4 μm，且误差范围在±5μm 之内，符合最接近目标值的要求，其参数水平组 $A_3B_3C_2D_2$（激光功率为 9 W；光斑直径为 30 μm；激光频率为 60 kHz；Z 轴高度为 0.1 mm）作为该工序的操作工艺参数。

2.3 多重比较法在印制电路通孔电镀整平剂优化中的应用

2.3.1 多重比较法理论介绍

多重比较——Tukey HSD 是在方差分析结果为显著的前提下进行的。方差分析法是一种分析变量平均值受不同因素组合影响的方法。方差分析用于两组或多组数据差别的显著性检验。它是独立样本 t 检验的延伸，可用于比较任何数量的数据组。方差分析的本质是先将总的方差分解为各个类别的方差，再利用显著性检验法对不同类型的方差进行分析判断，最后做出适当的结论。如果使用方差分析发现显著的效应，但无法确定是哪些水平之间有着显著差异，就有必要对各个水平之间进行多重比较。多重比较的方法有很多，如最小显著差数法（LSD 法）、最小显著极差法（LSR 法）和 Tukey HSD 检验法等。

采用 Tukey HSD 检验法时，只要计算一个数值，就能借以完成各对平均值之差的比较。这个数值称为 *HSD*，如计算公式（2-32）所示。

$$HSD = q_{a,k,n-k} \sqrt{\frac{MSE}{n_j}} \tag{2-32}$$

其中，q 值与显著性水平 α、试验中平均值的个数 k 以及误差自由度 $(n-k)$ 有关。任何一对平均值之差只要超过 *HSD* 值，就表明这一对平均值之间的差别是显著的。与方差分析相似，运用数据分析软件进行多重比较，生成统计学概率 P 值。对比 P 值与置信度（一般为 0.05），用于判断差异的显著性。

为了更直观地观察两两之间有没有显著性差异，可以利用 JMP 软件构建多组对比圆环图。在圆环图中，每个圆代表一组试验结果数据。观察圆与圆相互交叉的程度，用于判别两组数据的差异显著与否。圆与圆相互重叠的程度可以通过圆相交处切线的夹角来定量表示，如图 2-11 所示。

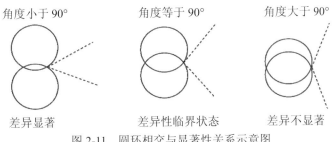

图 2-11　圆环相交与显著性关系示意图

在图 2-11 中，代表两组数据的两个圆环会因数据的差异性而有不同程度的相交。在相交处分别作两个圆的切线，运用切线的夹角大小判断两组数据有无明显差异。当夹角小于 90°时，两组数据有明显差异；当夹角等于 90°时，两组数据的差异性处于边界线；当夹角大于 90°时，两组数据无明显差异。

2.3.2　多重比较法应用案例

正态分布是一种最常见的连续型随机变量的分布。无论在数学的理论研究中还是在各行各业的实际应用中，正态分布都有重要的价值。在统计学中用于统计的许多变量，无论数据的初始分布是何种状态，只要数据量足够多，都近似于正态分布。因此，正态分布的应用是十分广泛的。整平剂的均镀能力 (throwing power, TP) 是衡量整平剂性能最关键的指标，其测量数据也服从正态分布，通常包含整平剂浓度分析和重复试验结果差异分析。

1. 整平剂浓度分析

在研究某种整平剂的浓度对 TP 的影响的过程时，经常会遇到 TP 平均值随浓度梯度变化不明显的情况，这时运用单纯比较平均值的办法去分析，通常会断定 TP 在这个范围内没有显著变化。但这种分析方法比较片面，分析结果不系统，无法对下一步试验提供明确的指导意见。因此可通过多重比较法分析某种整平剂在 1～10ppm (1ppm = 1mL/L) 浓度范围内 TP 的变化是否显著，对比两两浓度之间 TP 有无明显变化，也可为此整平剂的使用范围提供指导性意见。

本节数据见表 2-5 所列。

表 2-5　不同浓度整平剂的 *TP* 值表

1 (1ppm)	2 (2ppm)	3 (3ppm)	4 (5ppm)	5 (8ppm)	6 (10ppm)
92.74%	81.37%	92.14%	80.00%	83.56%	81.76%
92.43%	82.71%	86.62%	82.59%	86.86%	82.71%
96.41%	85.82%	84.36%	87.13%	90.78%	84.56%
93.17%	83.85%	87.41%	78.41%	85.52%	79.33%
95.02%	86.69%	82.18%	75.95%	87.29%	78.57%
91.05%	82.63%	80.15%	80.55%	88.89%	78.43%
87.84%	85.06%	79.85%	83.62%	91.10%	73.82%
84.13%	88.63%	84.53%	84.91%	92.86%	77.92%
93.39%	84.58%	85.82%	89.36%	88.36%	79.64%
88.21%	85.17%	84.79%	88.26%	86.80%	81.39%

　　在这么多数据中，为了更直观地观察两两之间有没有显著性差异，可以利用 JMP 软件构建多组对比圆环图，其操作流程如图 2-12 所示。

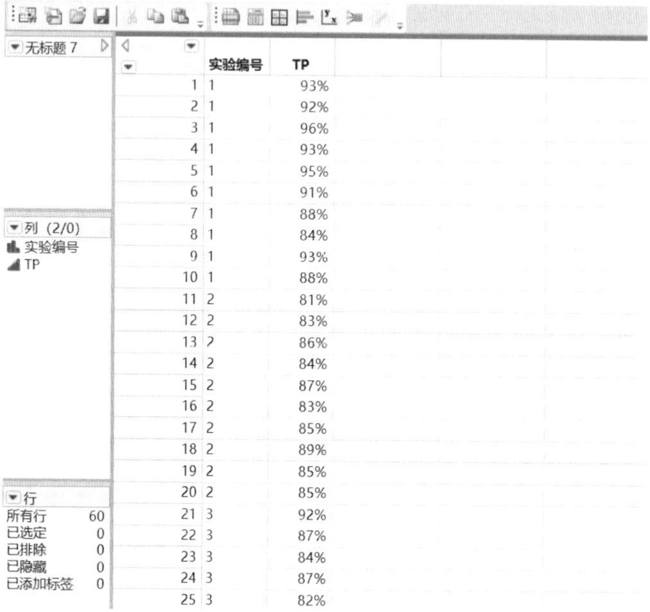

图 2-12　将数据填入 JMP 软件中

然后点击菜单栏中的以 X 拟合 Y 的符号，如图 2-13 所示。

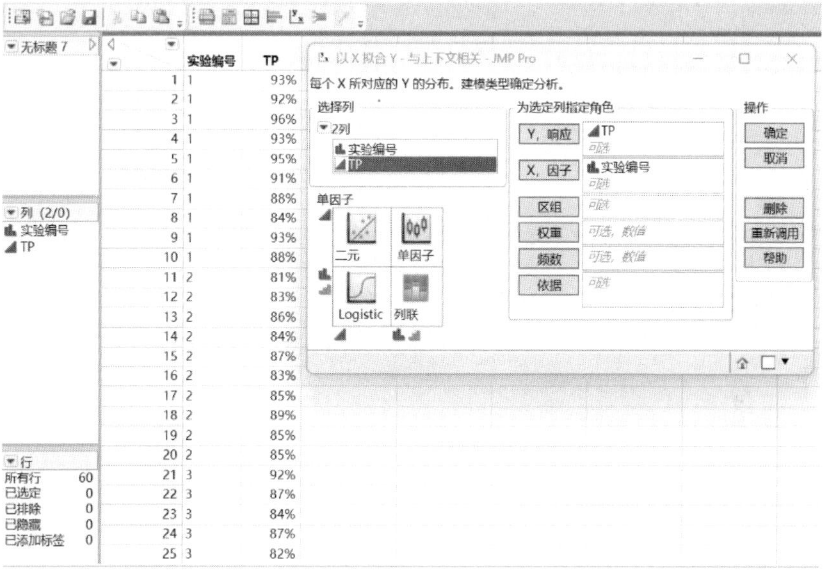

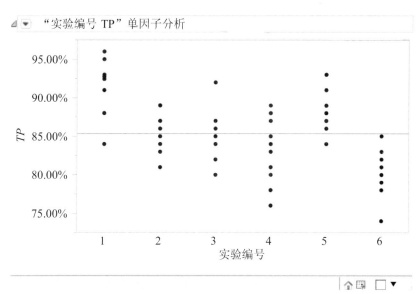

图 2-13 以 X 拟合 Y

将对应的横坐标和纵坐标选定后，点击"确定"，即可得到相应的单分子分析图，如图 2-14 所示。

图 2-14 TP 单因子分析图

点击单因子分析旁边的三角形按钮，在下拉菜单中选择"比较均值"→"所有对，Tukey HSD"，如图 2-15 所示。

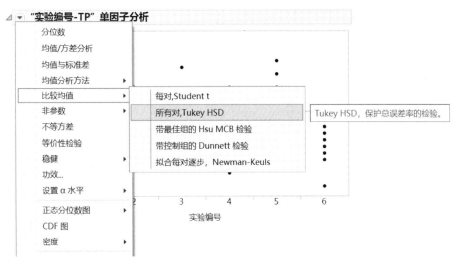

图 2-15　两两比较操作

输出结果如图 2-16 所示。

由多重比较圆环图 2-16 可以看出，两两之间的差异性并不显著。

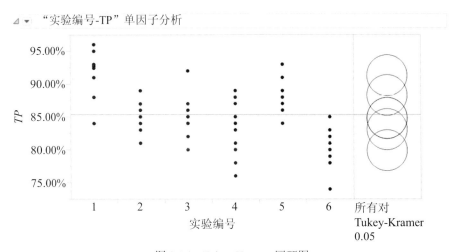

图 2-16　Tukey-Kramer 圆环图

2. 重复试验结果差异分析

每个试验都需要进行大量的重复验证，以减少误差的影响，保证其结果的稳定性。这个工作一般是由各个成员合作完成的，然而就是相同试验条件下由不同的试验员来完成，结果也往往有所区别。这时候可以采用方差分析法和多重比较法来评定两人的结果差异是否在误差范围内。这里的示例是两个试验员在相同条件下进行哈林槽电镀试验，然后测量 TP。

在这种情况下，需要对比两组数据之间的差异性，以往只是对比两组数据的平均值。本书参考了 Tukey 配对结果，两组数据有共享字母，即差异不明显，见表 2-6 所列（注：不共享字母的均值之间具有显著差异）。

表 2-6　Tukey 配对比较

因子	N	均值	分组
C_1	20	0.704 58	A
C_2	20	0.692 24	A

两组数据的方差分析结果见表 2-7 所列，$P = 0.334 > 0.05$，因此接受原假设，即两组之间无显著差异。

表 2-7　两组数据方差分析表

来源	自由度	平方和	均方	F 值	P 值
TP	1	0.001 523	0.001 523	0.96	0.334
误差	38	0.060 439	0.001 59		
合计	39	0.061 961			

同样的，根据上述的软件操作步骤，可以做出相对应的 Tukey- Kramer 图，如图 2-17 所示。

通过 Tukey- Kramer 图可以直观地观察到两组数据对应的两个圆，若两个圆相交处切线的夹角大于 90°，则可判断出两组数据的差异性较小，即两个试验员电镀试验的结果差异很小。

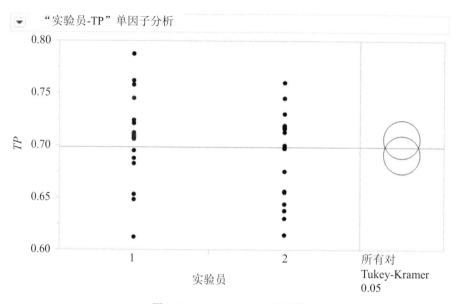

图 2-17 Tukey-Kramer 圆环图

第三章

因子设计法及应用

因子设计（factorial experiment design），特别是 2^k 和 3^k 因子设计对试验前期的因子筛选具有非常重要的作用。因为其水平数较少，可以快速地进行筛选，这对于实践而言是一个非常重要的优点。但是由于因子的水平数较少，无法全程描述水平的变化。因此，因子试验常用于筛选，即在较少试验内将对响应没有实质性影响的因子筛出，剩下的对响应有实质性影响的因子进行精细的试验。本章以印制电路板中钻孔工艺为例，对因子试验做进一步理解。

3.1 2^k 因子设计

因子设计是一种多因素、多水平、单效应的交叉分组试验设计，因此又称为完全交叉分组试验设计。因子设计广泛应用于涉及多因子的试验，不仅可检验每个因素各水平间的差异，而且可检验各因素间的交互作用。通过因子设计可以迅速找到试验因子取何种水平时试验最佳，同时既能提供主影响因子和交互作用的信息，又能减少试验次数和费用。本节主要介绍 2^k 和 3^k 因子设计及其标准试验方法。

在因子设计法中，最简单而又最重要的情况是有 k 个因子，每个因子仅有 2 个水平，它因简单实用而被广泛采用。由于二水平因子是最简单的因子，因此二水平因子设计在达到基本相当的分析有效性的要求下所需做的试验次数最少。从实践的角度来看，这是一个非常重要的优点。二水平因子最主要的一个缺点是在对一个连续变量做离散化时，可能过于简单，不能"全程"地描述自变量对响应变量的影响。

3.1.1 模型假设

在设计 2^k 因子时做如下假设：

（1）因子是固定的；

（2）设计是完全随机的；

（3）一般都满足正态性；

（4）反应近似于线性。

3.1.2　2^2因子设计

二水平因子设计的基本原理并不超出一般的因子设计的基本原理。其特殊性在于：由于相对简单，因此在设计和分析计算上都有一些特殊的简化表现方式。最简单的情况是两个二水平因子的设计，通常称为 2^2 因子设计。这种情况只有两个因子，每个因子两个水平，这两个水平可以很一般地用"低"(low) 和"高"(high) 这种形象的方法表示。

设 A，B 为两个二水平因子，称 A 的两个水平为"高"和"低"，分别记作"$+$"和"$-$"；同样，也称 B 的两个水平为"高"和"低"，也分别记作"$+$"和"$-$"，共有 $2 \times 2 = 4$ 个水平组合。在每个水平组合上各作 m 次试验 $(m \geqslant 1)$，可以根据表 3-1 进行试验设计。

表 3-1　2^2 试验设计表

试验序号	因子				试验数据	总和
	I	A	B	AB		
1	+	−	−	+	×····×	y_1
2	+	+	−	−	×····×	y_2
3	+	−	+	−	×····×	y_3
4	+	+	+	+	×····×	y_4

在表 3-1 中列的开头是主效应（A 和 B）、AB 交互作用和代表了整个试验的总和或平均值的 I。对应于 I 的列只有加号。

例如，研究一个化学过程中反应物的浓度高低和是否用催化剂对转化作用（产率）的效应。试验的目标是确定对这两个因子中的任一个进行的调整是否提高了产率，设反应物浓度是因子 A，它的两个水平是 15% 和 25%，催化剂是因子 B，用催化剂表示高水平，不用催化剂表示低水平，试验重复 3 次，因此要进行 12 次试验。试验的次序是随机的，所以这是一个完全随机化试验，得到的数据见表 3-2 所列。

表 3-2 2^2 试验设计数据

因子		处理组合	重复试验			总和
A	B		I	II	III	
−	−	A 低，B 低	28	25	27	80
+	−	A 高，B 低	36	32	32	100
−	+	A 低，B 高	18	19	23	60
+	+	A 高，B 高	31	30	29	90

  2^2 因子设计的 4 个处理组合如图 3-1 所示。为方便起见，因子的效应用大写拉丁字母表示，即 "A" 就表示因子 A 的效应，"B" 就表示因子 B 的效应，"AB" 就表示 AB 的交互作用。在 2^2 因子设计中，A 与 B 的低水平与高水平分别在 A 轴与 B 轴上以 "−" 和 "+" 表示。于是，A 轴上的 "−" 代表浓度的低水平 (15%)，"+" 代表浓度的高水平 (25%)；而 B 轴上的 "−" 代表没有使用催化剂，"+" 表示使用了催化剂。

  2^2 因子设计中的 4 种处理组合通常用小写字母表示，如图 3-1 所示，处理组合中任一因子的高水平可以用对应的小写字母表示，而处理组合中任一因子的低水平用不写出对应的字母的方式来表示。这样，a 代表 A 为高水平、B 为低水平的处理组合，b 代表 A 为低水平、B 为高水平的处理组合，ab 代表两个因子都是高水平的处理组合。为方便起见，通常用 (1) 表示两个因子都是低水平的。这种记法通用于 2^k 序列。

  在二水平因子设计中，一个因子的平均效应定义为，该因子的水平变化产生的响应变化在另一因子的水平上取平均值，记号 (1)，a，b，ab 分别代表不同处理组合取 n 次重复的总和。于是，A 在 B 的低水平上的效应为 $[a − (1)] / n$，A 在 B 的高水平上的效应为 $[ab − b] / n$。取这两个量的平均值可以得到 A 的平均主效应，如式（3-1）所示。

$$A = \frac{1}{2n}\{[ab - b] + [a - (1)]\} = \frac{1}{2n}[ab + a - b - (1)] \qquad (3\text{-}1)$$

同理，B 的平均主效应由 B 在 A 的低水平上的效应{即$[b-(1)]/n$}和 B 在 A 的高水平上的效应{即$[ab-a]/n$}求得，如式（3-2）所示。

$$B = \frac{1}{2n}\{[ab-a]+[b-(1)]\} = \frac{1}{2n}[ab+b-a-(1)] \qquad （3-2）$$

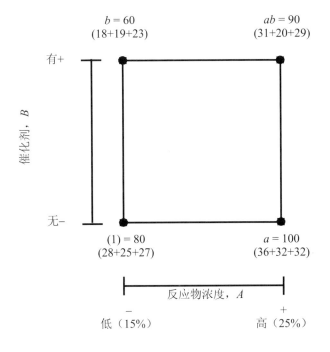

图 3-1　2^2 试验设计处理组合

交互作用 $A×B$ 的平均效果 AB 定义为，A 在 B 的高水平上的效应与 A 在 B 的低水平上的效应之差的平均值，如式（3-3）所示。

$$AB = \frac{1}{2n}\{[ab-b]-[a-(1)]\} = \frac{1}{2n}[ab+(1)-b-a] \qquad （3-3）$$

交互作用 $A×B$ 的平均效果 AB 也可以定义为，B 在 A 的高水平上的效应和 B 在 A 的低水平上的效应之差的平均值。这样定义也可以得出式（3-3）。

用图 3-1 的数据估计平均效应：

$$A = \frac{1}{2 \times 3}(90 + 100 - 60 - 80) = 8.33$$

$$B = \frac{1}{2 \times 3}(90 + 60 - 100 - 80) = -5.00 \qquad （3\text{-}4）$$

$$AB = \frac{1}{2 \times 3}(90 + 80 - 100 - 60) = 1.67$$

从式（3-4）可以看出，A 的效应（反应物浓度）是正的，这表明它是递增的。A 从低水平 (15%) 增至高水平 (25%) 将增加产率；B 的效应（催化剂）是负的，这表明在生产过程中加催化剂的量会降低产率，相对于两个主效应来说，交互作用的效应显得较小。

在很多涉及 2^k 因子设计的试验中将考察因子效应的大小 (magnitude) 和方向(direction)，以便确定哪些变量可能是重要的，方差分析一般可用来证明这一点。考虑 A，B，AB 的平方和，由式（3-1）可得到一个用来估计 A 的对照，即

$$对照_A = ab + a - b - (1) \qquad （3\text{-}5）$$

通常称此对照为 A 的总效应。由式（3-2）与式（3-3）可以看出，类似的对照亦用在估计 B 和估计 AB 中，且这 3 个对照是正交的。它们都是 ab，a，b 和（1）的线性组合，组合系数只有 1 和（-1），且满足 $\sum_{i=1}^{a} c_i = 0$，同时有 $\sum_{i=1}^{a} c_i^2 = 4$。因此，对照的平方和等于对照的平方除以对照中的观测值的总个数乘对照系数的平方和。故 A，B，AB 的平方和可以由式（3-6）、式（3-7）和式（3-8）求得。

$$S_A = \frac{[ab + a - b - (1)]^2}{4n} \tag{3-6}$$

$$S_B = \frac{[ab + b - a - (1)]^2}{4n} \tag{3-7}$$

$$S_{AB} = \frac{[ab + (1) - a - b]^2}{4n} \tag{3-8}$$

若用图 3-1 的数据，由式（3-6）、式（3-7）和式（3-8）求得的平方和分别为

$$S_A = \frac{(50)^2}{4 \times 3} = 208.33$$

$$S_B = \frac{(-30)^2}{4 \times 3} = 75.00 \tag{3-9}$$

$$S_{AB} = \frac{(10)^2}{4 \times 3} = 8.33$$

参照方差分析中的方法求得总平方和，即

$$S_T = \sum_i^2 \sum_j^2 \sum_k^n y_{ijk}^2 - \frac{y^2}{2 \times 2 \times n} = 9398.00 - 9075.00 = 323.00 \tag{3-10}$$

一般来说，S_T 有 $4n - 1$ 个自由度，误差平方和有 $4(n-1)$ 个自由度。对于图 3-1 的例子，式（3-9）的 S_A，S_B，S_{AB} 用减法得

$$S_E = S_T - S_A - S_B - S_{AB} = 323.00 - 208.33 - 75.00 - 8.33 = 31.34 \tag{3-11}$$

完整的方差分析表见表 3-3 所列。

表 3-3　试验方差分析表

方差来源	平方和	自由度	均方	F 临	P 值
A	208.33	1	208.33	53.15	0.0001
B	75.00	1	75.00	19.13	0.0024
AB	8.33	1	8.33	2.13	0.1826
误差 E	31.34	8	3.92		
总和	323.00	11			

对于 A, B，给出 $\alpha = 0.01$；对于 AB，给出 $\alpha = 0.05$，查出 $F_{0.01}(1, 8) = 11.26$，$F_{0.05}(1, 8) = 5.23$，而 $F_A = 53.15 > 11.26$，$F_B = 19.13 > 11.26$，$F_{AB} = 2.13 < 5.23$。因此，得出结论：两个主效应在统计上是显著的，而因子间没有交互作用。这一点肯定了原先根据因子效应的大小对数据所做的解释。事实上，根据 P 值也可以得出因子 A，B 均有显著影响，A 的影响更显著，而交互作用 $A \times B$ 无显著影响的结论。以上所用的这种方法，叫作 2^k 因子设计的标准分析方法。

2^2 因子设计的符号原则可以表述如下。按顺序 (1)，a，b，ab 写出的处理组合通常比较方便，这一顺序称为标准顺序。引进符号 I 表示试验的总和，全用 "+" 号表示，把 "+1" "-1" 简写为 "+" "-"，并把列与列交换，这样就得出一个完整的符号表，就可以根据表 3-4 进行试验设计。

表 3-4　计算 2^2 因子设计的效应的代数符号表

试验序号	因子				试验数据	总和
	I	A	B	AB		
(1)	+	−	−	+	×····×	$y_{(1)}$
a	+	+	−	−	×····×	y_a
b	+	−	+	−	×····×	y_b
ab	+	+	+	+	×····×	y_{ab}

显然表 3-1 和表 3-4 是等价的，即将一个表的行做适当的重排（置换），就得到另一个表。所得到的表列的开头是主效应（A 和 B）、AB 交互作用和代表了整个试验的总和或平均值的 I，对应于 I 的列只有加号。行的命名

符号是处理组合。为求出用来估计任一效应的对照，只要用处理组合乘以表中相应于该效应的列的对应符号并加起来即可。例如，要估计 A，其对照是 $-(1)+a-b+ab$，与式（3-1）所得到的结论一致。效应 A，B，AB 的对照是正交的，所以 2^2 因子设计乃至所有的 2^k 因子设计都是正交设计。

3.1.3　2^3 因子设计

当试验中要考虑三个二水平因子时就是 2^3 设计。设有 3 个因子 A，B，C，每个因子有两个水平。这里的主要效果为 A，B，C，2 个因子交互作用的效果为 AB，AC，BC，3 个因子交互作用的效果为 ABC。为便于计算，做一个立方体以展示这些效果。按照与 2^2 因子设计类似的原则和方法定出立方体各顶点的记号，如图 3-2 所示，在一个立方体上显示出 8 个处理组合，用"$-$"和"$+$"的记号分别代表因子的低水平和高水平。此设计叫作 2^3 因子设计。

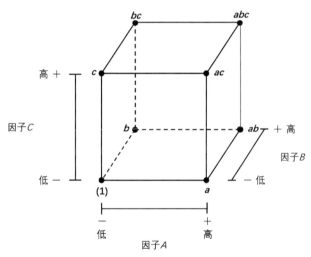

图 3-2　2^3 因子设计的因子水平组合

实际上有 3 种不同的记号广泛应用于 2^k 设计的试验中，首先是"$+$"与"$-$"记号，常称为几何记号；其次是用小写字母表示处理组合；最后是用记号 1 和 0 分别表示因子的高水平和低水平，以代替"$+$"和"$-$"。对于 2^3 因子设计，这些不同的记号说明见表 3-5 所列 。

表 3-5 列出 2^3 因子设计的 8 个试验，按照与 2^2 因子设计类似的原则和

方法，将处理组合依标准顺序写为 (1)，a，b，ab，c，ac，bc，abc。这些符号亦代表在所指定的处理组合上的 n 个观测值的总和。

2^3 因子设计的 8 个处理组合有 7 个自由度，3 个自由度和 A，B，C 的主效应有关，4 个自由度与交互作用有关：AB，AC，BC 各有 1 个，ABC 有 1 个。

表 3-5 2^3 因子设计记号说明表

试验	A	B	C	标签	A	B	C
1	−	−	−	(1)	−	−	−
2	+	−	−	a	+	−	−
3	−	+	−	b	−	+	−
4	+	+	−	ab	+	+	−
5	−	−	+	c	−	−	+
6	+	−	+	ac	+	−	+
7	−	+	+	bc	−	+	+
8	+	+	+	abc	+	+	+

考虑估计主效应。首先考虑估计主效应 A，当 B 与 C 处于低水平时，A 的效应是 $[a-(1)]/n$；同理，当 B 处于高水平、C 处于低水平时，A 的效应是 $(ab-b)/n$；当 C 处于高水平、B 处于低水平时，A 的效应是 $(ac-c)/n$；最后，当 B 和 C 都处于高水平时，A 的效应是 $(abc-bc)/n$。这样一来，A 的平均效应正是这 4 个效应的平均值，即

$$A = \frac{1}{4}\left\{\frac{1}{n}[a-(1)] + \frac{1}{n}(ab-b) + \frac{1}{n}(ac-c) + \frac{1}{n}(abc-bc)\right\} \quad (3\text{-}12)$$

此式也可以用图 3-2 的立方体右边一面的 4 个处理组合（其中，A 处于高水平）和左边一面的 4 个处理组合（其中，A 处于低水平）之间的对照推导出来，参考图 3-3（a）。也就是说，A 效应恰好是 A 处于高水平时 4 个试验的平均值减去 A 处于低水平时 4 个试验的平均值，即

$$A = \bar{y}_{A^+} - \bar{y}_{A^-} = \frac{a + ab + ac + abc}{4n} - \frac{(1) + b + c + bc}{4n} \qquad (3\text{-}13)$$

此式可以重新排为

$$A = \frac{1}{4n}[a + ab + ac + abc - (1) - b - c - bc] \qquad (3\text{-}14)$$

式（3-14）与式（3-12）相同。

同理，B 的效应是立方体前边一面的 4 个处理组合的平均值和后边一面的 4 个处理组合的平均值之差，参考图 3-3（b），即

$$B = \bar{y}_{B^+} - \bar{y}_{B^-} = \frac{1}{4n}[b + ab + bc + abc - (1) - a - c - ac] \qquad (3\text{-}15)$$

亦同理，C 的效应是立方体上边一面的 4 个处理组合的平均值和下边一面的 4 个处理组合的平均值之差，参考图 3-3（c），即

$$C = \bar{y}_{C^+} - \bar{y}_{C^-} = \frac{1}{4n}[c + ac + bc + abc - (1) - a - b - ab] \qquad (3\text{-}16)$$

二因子交互作用的效应是容易计算出来的。

B 在低水平时，A 效果在 B 的两个水平下的平均差为

$$\frac{1}{2}\left[\frac{ab - b}{n} - \frac{a - (1)}{b}\right] = \frac{1}{2n}[ab + (1) - a - b] \qquad (3\text{-}17)$$

B 在高水平时，A 效果在 B 的两个水平下的平均差为

$$\frac{1}{2}\left(\frac{abc - bc}{n} - \frac{ac - c}{b}\right) = \frac{1}{2n}(abc + c - ac - bc) \qquad (3\text{-}18)$$

因此有

$$AB = \frac{1}{2}\left\{\frac{1}{2n}[ab + (1) - a - b] + \frac{1}{2n}(abc + c - ac - bc)\right\} \tag{3-19}$$

$$= \frac{1}{4n}[ab + abc + (1) + c - a - b - ac - bc]$$

即

$$AB = \frac{abc + ab + c + (1)}{4n} - \frac{bc + b + ac + a}{4n} \tag{3-20}$$

从这种形式容易看出，AB 交互作用就是图 3-3（d）的立方体中两个对角面上的试验的平均值之差，同理并参考图 3-3（e）和（f），得到 AC 和 BC 交互作用：

$$AC = \frac{1}{4n}[ac + abc + (1) + b - a - c - ab - bc] \tag{3-21}$$

$$BC = \frac{1}{4n}[bc + abc + (1) + a - b - c - ab - ac] \tag{3-22}$$

交互作用 $A \times B \times C$ 的总平均效果定义为 AB 在 C 的两个不同水平上的交互作用之差的平均值。于是，

$$ABC = \frac{1}{2}\left\{\frac{1}{2n}\left(\frac{abc - bc}{n} - \frac{ac - c}{n}\right) - \frac{1}{2n}\left[\frac{ab - b}{n} - \frac{a - (1)}{n}\right]\right\} \tag{3-23}$$

$$= \frac{1}{4n}[abc + a + b + c - ab - ac - bc - (1)]$$

和前面一样，可以把 ABC 交互作用看作为两个平均值之差。如果把两

个平均值中的试验分离为两组，那么它们就是图 3-3（g）的立方体中的两个四面体的顶点。

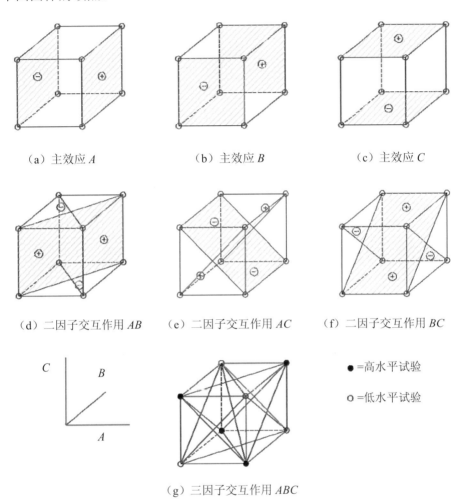

（a）主效应 A　　　　　　（b）主效应 B　　　　　　（c）主效应 C

（d）二因子交互作用 AB　　（e）二因子交互作用 AC　　（f）二因子交互作用 BC

● =高水平试验

○ =低水平试验

（g）三因子交互作用 ABC

图 3-3　2^3 因子设计中对应于主效应和交互作用的对照的几何表示

在式（3-20）至式（3-23）中，方括号中的量是处理组合的对照，一张加减符号表可以从这些对照中导出来，见表 3-6 所列。

表 3-6　2^3 因子设计计算效应的代数符号表

处理组合	因子效应							
	I	A	B	AB	C	AC	BC	ABC
(1)	+	−	−	+	−	+	+	−
a	+	+	−	−	−	−	+	+
b	+	−	+	−	−	+	−	+
ab	+	+	+	+	−	−	−	−
c	+	−	−	+	+	−	−	+
ac	+	+	−	−	+	+	−	−
bc	+	−	+	−	+	−	+	−
abc	+	+	+	+	+	+	+	+

注：表中所列的(l)，a，b，ac，c，ac，bc，abc 为标准顺序。

主效应的符号是：高水平取加号，低水平取减号。一旦主效应的符号确定，其余各列的符号可以用前面恰当的列的符号相乘而得。例如，AB 列的符号就是 A 列的符号与 B 列的符号逐行的乘积，任一效应的对照由表 3-6 求得，这样就很容易得到各个因子的对照。

表 3-6 有几个有趣的性质：（1）除列 I 之外，每列加号与减号的数量相等；（2）任意两列符号乘积的和为零，这叫正交性；（3）列 I 与任一列相乘，该列的符号不变，也就是说 I 是一个恒等元素；（4）任意两列相乘，得出表中的一列，例如，$A×B = AB$（A 列×B 列 $= AB$）以及 $AB×B = AB_2 = A$（B_2 全为"+"）。

与 2^2 因子设计中的分析类似，可得出 2^3 因子设计中效果的平方和。因为每一效应都有一个相应的单自由度对照，所以效应的平方和是容易计算的。在 n 次重复的 2^3 因子设计中，任一效应的平方和是

$$S = \frac{(对照)^2}{8n} \qquad (3-24)$$

3.1.4　一般的 2^k 因子设计

前面所讲的 2^2 因子设计、2^3 因子设计的分析方法可以推广到一般的 2^k

因子设计中去。2^k 因子设计有 k 个因子，每个因子有两个水平。2^k 因子设计的统计模型包含 k 个主效应，C_k^2 个二因子交互作用，C_k^3 个三因子交互作用……以及 C_k^k 个 k 因子交互作用。也就是说，对于 2^k 因子设计，全模型含有 2^k-1 个效应。前面对于处理组合而引入的记号也适用于此处。例如，在 2^5 因子设计中，abd 表示因子 A，B，D 处于高水平而因子 C 和 E 处于低水平的处理组合。处理组合可以按标准顺序写出，方法是：每引入一个新的因子，就依次和前面已引入的因子进行组合。例如，2^4 因子设计的标准顺序是 (1)，a，b，ab，c，ac，bc，abc，d，ad，bd，abd，cd，acd，bcd，$abcd$，共有 $2^4 = 16$ 项。为估计效果或计算效果的平方和，必须先确定和效果相对应的对照。当 k 很大时，确定效果 $AB\cdots K$ 的对照可以用展开下式的右边的方法：

$$(对照)_{AB\cdots K} = (a\pm1)(b\pm1)\cdots(k\pm1) \tag{3-25}$$

在展开式（3-25）时，按初等代数方法计算，而在最后的表示式中用 (1) 代替 "1"。当式（3-25）左边有某个因子时，式右边相应的括号内就取 "−" 号，没有这个因子，就取 "+" 号。

为说明式（3-25）的用法，考虑 2^3 因子设计，AB 的对照为

$$\begin{aligned}(对照)_{AB\cdots K} &= (a-1)(b-1)(c+1)\\ &= abc + ab + c + (1) - ac - bc - a - b\end{aligned} \tag{3-26}$$

与式（3-19）结果一致。

进一步，在 2^5 因子设计中，$ABCD$ 的对照为

$$\begin{aligned}(对照)_{ABCD} &= (a-1)(b-1)(c-1)(d-1)(e+1)\\ &= abcde + cde + bde + ade + bce + ace + abe\\ &\quad + e + abcd + cd + bd + ad + bc + ac + ab\\ &\quad + (1) - a - b - a - abc - d - abd - acd\\ &\quad - bcd - ae - be - ce - abce - de - abde\\ &\quad - acde - bcde\end{aligned} \tag{3-27}$$

这样，各因子的对照立刻就可计算出来，还可估计效果并计算对应的平方和。

$$AB\cdots K = \frac{2}{2^k n}(对照)_{AB\cdots K} \qquad (3\text{-}28)$$

$$S_{AB\cdots K} = \frac{2}{2^k n}(对照)^2_{AB\cdots K} \qquad (3\text{-}29)$$

式中，n 表示重复的次数。自由度的分配为每个因子的效果和交互作用的效果，自由度都是 1，共 $2^k - 1$，总和的自由度为 $n2^k - 1$。因此，误差的自由度为 $2^{k(n-1)}$。

2^k 因子设计的方差分析总结见表 3-7 所列。

表 3-7　2^k 因子设计的方差分析表

方差来源	平方和	自由度
k 个主效应		
A	S_A	1
B	S_B	1
$\cdots$	$\cdots$	$\cdots$
K	S_K	1
C_k^2 个二因子交互作用		
AB	S_{AB}	1
AC	S_{AC}	1
$\cdots$	$\cdots$	$\cdots$
JK	S_{JK}	1
C_k^3 个三因子交互作用		
ABC	S_{ABC}	1
ABD	S_{ABD}	1

（续表）

方差来源	平方和	自由度
…	…	…
IJK	S_{IJK}	1
…		
C_k^k 个 k 因子交互作用		
$ABC\cdots K$	$S_{ABC\cdots K}$	1
误差	S_E	$2^{k(n-1)}$
总和	S_T	$n3^k - 1$

3.1.5 2^k 因子设计的单次重复

在一个 2^k 因子设计中，即使因子数 k 不太大，因子组合的总数也可能是很大的。例如，2^5 因子设计中有 32 个因子组合，2^6 因子设计中有 64 个因子组合。如果每种组合的重复试验多，那么试验次数势必更多，这对人力、物力都会有很大的消耗。因此，通常都要限制试验的重复次数。通常每种组合只允许做一次试验。一次重复策略通常用于有相对多的需考虑因子的筛选试验，因为在不能完全确信试验误差小的情形下，采取尽量拉开因子水平是一个好的做法。

3.2 3^k 因子设计

3^k 因子设计就是有 k 个因子、每个因子有 3 个水平的因子设计。因子和交互作用将用大写字母表示。把因子的 3 个水平看作低、中、高，这些因子水平可用几种不同的记号表达，其中之一是以数字 0（低）、1（中）、2（高）表示因子各水平，3^k 因子设计的每个处理组合用 k 个数字表示，其中第 1 个数字表示因子 A 的水平，第 2 个数字表示因子 B 的水平……第 k 个数字表示因子 k 的水平。例如，在 3^2 因子设计中，00 表示对应于 A 和 B 都处于低水平的处理组合，02 表示对应于 A 处于低水平、B 处于高水平的处理组合，11 表示 AB 都在中水平。再如在 3^3 因子设计中，000 表示 A，B，C 都在低水平，012 表示 A 在低水平、B 在中水平、C 在高水平，221 表示 A，B 都在高水平，而 C 在中水平。这一记号系统原本也可用于前面介绍的 2^k 因子设计，只要分别用 0 和 1 代替 −1 和 +1 即可。但在 2^k 因子设计中用 ±1 记号，因为它不仅使设计的几何观点变得更为方便，而且它可以直接应用于回归模型、区组化以及分式析因设计的建构。

3.2.1 3^2 因子设计

3^k 系统中最简单的设计是 3^2 因子设计，它有 2 个因子，每个因子有 3 个水平。从图 3-4 可以看出，因为有 $3^2 = 9$ 个处理组合，所以这些处理组合间有 8 个自由度。A 和 B 的主效应各有两个自由度，AB 交互作用有 4 个自由度。如果每个组合做 n 次重复试验，总和的自由度为 $n3^2 - 1$，误差的自由度应为 $n3^2 - 1 - 8 = 3^2(n - 1)$。

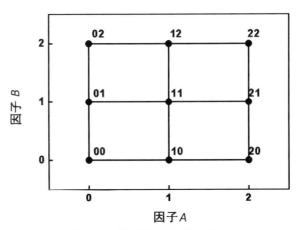

图 3-4 3^2 因子设计的处理组合

A，B，AB 的平方和可以用双因素的方差分析中的方法求出。

3.2.2 3^3 因子设计

假定有 3 个因子 (A，B，C) 要研究，每个因子有 3 个水平 0，1，2，安排因子设计试验，这就是一个 3^3 因子设计。试验的安排和处理组合的记号如图 3-5 所示，图中的 27 个处理组合有 26 个自由度。每个主效应有 2 个自由度，每个二因子交互作用有 4 个自由度，三因子交互作用有 8 个自由度。如果每个组合有 n 次重复试验，则有 3^{3n-1} 个总自由度和 $3^{3(n-1)}$ 个误差自由度。

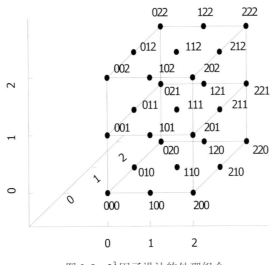

图 3-5　3^3 因子设计的处理组合

与 3^2 因子设计一样，平方和可用通常的方法计算出来，只不过更复杂些，然后可以进行方差分析，给出结果。

3.2.3　一般的 3^k 因子设计

在 3^2 因子设计和 3^3 因子设计中所用的概念，可以立即推广到有 k 个因子、每个因子有 3 个水平的情况，即 3^k 因子设计中去。

表 3-8　3^k 因子设计的方差分析表

方差来源	平方和	自由度
k 个主效应		
A	S_A	2
B	S_B	2
...	...	...

（续表）

方差来源	平方和	自由度
K	S_K	2
C_k^2 个二因子交互作用		
AB	S_{AB}	4
AC	S_{AC}	4
…	…	…
JK	S_{JK}	4
C_k^3 个三因子交互作用		
ABC	S_{ABC}	8
ABD	S_{ABD}	8
…	…	…
IJK	S_{IJK}	8
…		
C_k^k 个 k 因子交互作用		
$ABC\cdots K$	$S_{ABC\cdots K}$	$2k$
误差	S_E	$3^{k(n-1)}$
总和	S_T	$n3^k-1$

处理组合用通常的数字表示法。例如，0120 表示 3^4 因子设计的一个处理组合，其 A 和 D 处于低水平、B 处于中水平、C 处于高水平，共有 3^k 个处理组合，它们之间有 3^k-1 个自由度。这里有 k 个主要效果，每个的自由度为 2，有 C_k^2 个二因子交互作用，每个的自由度为 4；有 C_k^3 个三因子交互作用，每个的自由度为 8；有 C_k^k 个 k 因子的交互作用，每个的自由度为 2^k。一般来说，如果 h 个因子交直作用，就有 2^h 个自由度。如果有 n 次重复，则有 $3^{kn}-1$ 个总自由度和 $3^{k(n-1)}$ 个误差自由度。主要效果和交互作用的平方和用因子设计的通常的方法计算出来。

3^k 因子设计的大小随着 k 的增加而迅速增加。例如，3^3 因子设计每一重复有 27 个处理组合，3^4 因子设计有 81 个，3^5 因子设计有 243 个，等等。因此，通常只考虑 3^k 因子设计的单次重复，并把较高阶的交互作用组合起来，作为误差的估计量并加以说明。如果三因子的交互作用和更高阶的交互作用可被忽略，则 3^3 因子设计的单次重复有 8 个误差自由度，3^4 因子设计有 48 个误差自由度。对于 $k \geqslant 3$ 个因子，这些设计仍是较大的设计，因而不太有用。在试验设计中，因子设计是比较有效的方法，但它是在试验安排已设计好的情况下进行的，相对于同样获得广泛应用的正交试验而言，它最大的缺点是没有解决如何安排试验为最好的问题。

3.3　2^k 因子设计在印制电路机械钻孔优化中的应用

本节使用聚四氟乙烯（poly tetra fluoro ethylene，PTFE）通孔钻孔工序案例的优化来进一步理解因子设计。

由于 PTFE 材料比较软，通过玻璃纤维得到的 PTFE 树脂的支撑力不够。玻璃纤维之间没有 PTFE 树脂黏结，所以玻璃纤维相互之间没有结合力，钻孔时就容易产生玻璃纤维未切断的现象，电镀时由于电流尖峰效应形成电镀铜瘤，如图 3-6 所示。

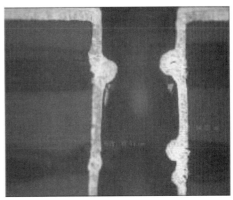

图 3-6　钻孔后玻璃纤维突出、电镀铜瘤图片

3.3.1　PTFE 钻孔要求

（1）铜瘤：不影响孔径，单边小于 50 μm。

（2）孔壁粗糙度：孔壁粗糙度≤30 μm。

（3）钉头：钉头≤200 %。

影响电镀铜瘤的主要因素为钻孔时残留的纤维，因此确定引起电镀铜瘤的因子有钻尖角、螺旋角、宽度 (W)、沟巾比 (F/L)、转速 (S)、进刀量 (F)、退刀 (U)。使用 Minitab 进行七因子两水平的试验计划见表 3-1 所列。

3.3.2　因子设计的计算

打开 Minitab 软件→单击"设计"→选择"DOE"→选择"创建因子设计"，如图 3-7 所示。

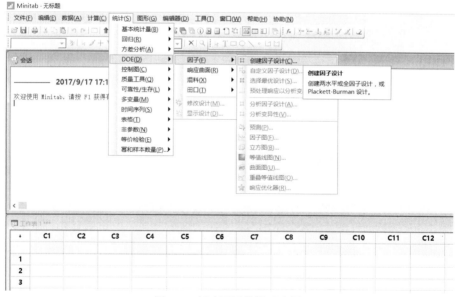

图 3-7　创建因子设计示意图

点击创建因子设计后会弹出对话窗口，选择两水平因子，选择因子数为 7，依次点击"显示可用设计"和"设计"选项，选择合理的参数设置，得到因子设计表。

确定各因子的高低水平，见表 3-9 所列，并按照图 3-7 的因子设计表进行试验，得到的结果见表 3-10 所列。

表 3-9　各因子的高低水平表

因子	高水平	低水平
钻尖角	165	130
螺旋角	44	38
W	0.14	0.09
F/L	2.5	2
S	0.135	0.080
F	130	80
U	1000	600

表 3-10　因子设计及试验结果表

运行序	中心点	钻尖角	螺旋角	W	F/L	S	F	U	铜瘤最大值	铜瘤平均值
1	1	130.0	44	0.090	2.00	135	130	600	54.90	19.546
2	1	130.0	38	0.140	2.00	135	130	1000	68.20	33.626
3	0	147.5	41	0.115	2.25	108	105	800	60.09	27.742
4	1	130.0	44	0.090	2.50	135	80	1000	60.02	22.779
5	1	165.0	38	0.090	2.00	135	80	1000	55.58	25.167
6	1	165.0	44	0.090	2.50	80	80	600	89.68	34.476
7	1	130.0	38	0.140	2.50	135	80	600	62.75	29.328
8	0	147.5	41	0.115	2.25	108	105	800	56.27	25.610
9	1	165.0	44	0.090	2.00	80	130	1000	36.49	17.392
10	1	165.0	38	0.090	2.50	135	130	600	62.06	37.102
11	1	130.0	44	0.140	2.00	80	80	1000	86.96	37.916
12	1	130.0	44	0.140	2.50	80	130	600	52.51	25.336
13	0	147.5	41	0.115	2.25	108	105	800	58.31	30.759
14	1	130.0	38	0.090	2.00	80	80	600	74.00	31.068

（续表）

运行序	中心点	钻尖角	螺旋角	W	F/L	S	F	U	铜瘤最大值	铜瘤平均值
15	1	165.0	44	0.140	2.00	135	80	600	86.62	38.398
16	1	130.0	38	0.090	2.50	80	130	1000	49.10	27.757
17	1	165.0	44	0.140	2.50	135	130	1000	65.47	37.102
18	1	165.0	38	0.140	2.00	80	130	600	55.92	26.802
19	0	147.5	41	0.115	2.25	108	105	800	57.87	23.411
20	1	165.0	38	0.140	2.50	80	80	1000	77.07	28.780

3.3.3 因子设计的结果分析

选择"设计"→"DOE"→"因子"→"分析因子设计"，得到的结果见表 3-11 所列。

表 3-11 铜瘤最大值的估计效应和系数（已编码单位）

项	系数标				
	效应	系数	准误	T	P
常量		63.494	1.374	46.22	0.000
钻尖角	2.556	1.278	1.536	0.83	0.452
螺旋角	3.496	1.748	1.536	1.14	0.319
W	9.209	4.604	1.536	3.00	0.040
F/L	−0.001	−0.001	1.536	−0.00	1.000
S	−0.766	−0.383	1.536	−0.25	0.815
F	−18.504	−9.252	1.536	−6.02	0.004
U	−4.944	−2.472	1.536	−1.61	0.183
钻尖角*螺旋角	3.411	1.706	1.536	1.11	0.329
钻尖角*W	1.109	0.554	1.536	0.36	0.736
钻尖角*F/L	14.919	7.459	1.536	4.86	0.008
钻尖角*S	3.409	1.704	1.536	1.11	0.329

（续表）

项	系数标				
	效应	系数	准误	T	P
钻尖角*F	−3.749	−1.874	1.536	−1.22	0.289
钻尖角*U	−9.974	−4.987	1.536	−3.25	0.031
螺旋角*F/L	0.679	0.339	1.536	0.22	0.836
钻尖角*螺旋角*F/L	0.424	0.212	1.536	0.14	0.897

其中，$S = 6.143\,47$，$PRESS = 183\,902$，$R - Sq = 95.66\%$，$R - Sq$（预测）$= 0.00\%$，$R - Sq$（调整）$= 79.39\%$

结论：从因子分析 P 值来看，W、F、钻尖角*F/L、钻尖角*U 四项为显著因子。

因子主效应图如图 3-8 所示。从因子主效应图来看，W，F 比较显著。

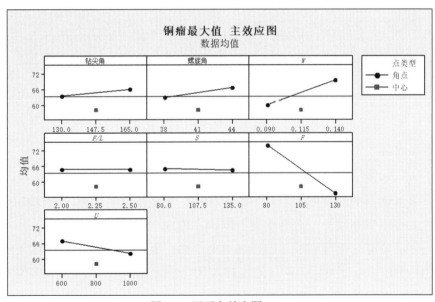

图 3-8　因子主效应图

因子交互作用效应图如图 3-9 所示。从图中可以看出，从交互作用上，钻尖角与 F/L、钻尖角与 U、钻尖角与 U、W 与 F/L、S 与 F/L 为交互作用比较显著。

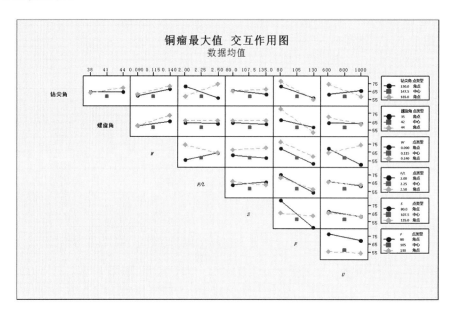

图 3-9　交互作用效应图

W 与 F 等值线、响应面分析图如图 3-10 所示。结论：W 与 F 之间为线性关系、不存在二次项；从响应面来看，F 取高水平、W 取低水平；有利于铜瘤改善。

钻尖角与 F/L 等值线、响应面分析图如图 3-11 所示。结论：钻尖角与 F/L 之间有明显曲面关系，存在二次项；从响应面来看来，钻尖角取低水平、F/L 取高水平；有利于铜瘤改善。

钻尖角与 U 等值线、响应面分析图如图 3-12 所示。结论：钻尖角与 U 之间有明显曲面关系，存在二次项；从响应面来看来，钻尖角取高水平、U 取高水平；有利于铜瘤改善。

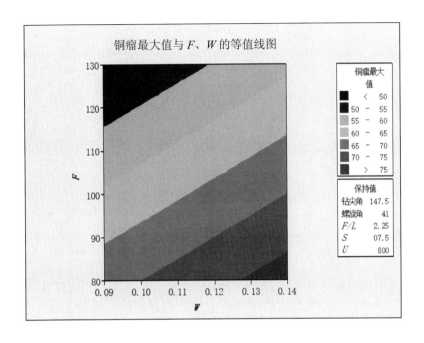

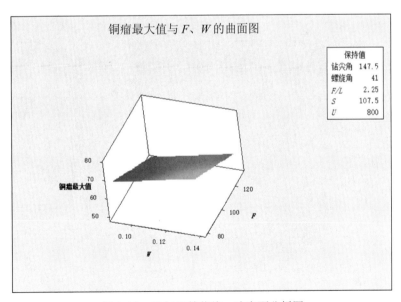

图 3-10 W 与 F 等值线、响应面分析图

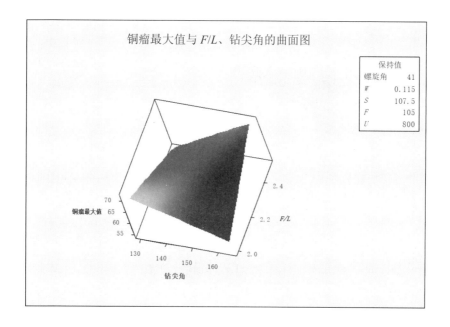

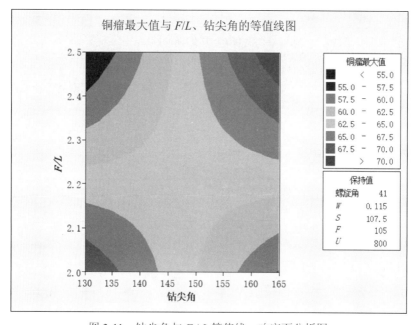

图 3-11 钻尖角与 F/L 等值线、响应面分析图

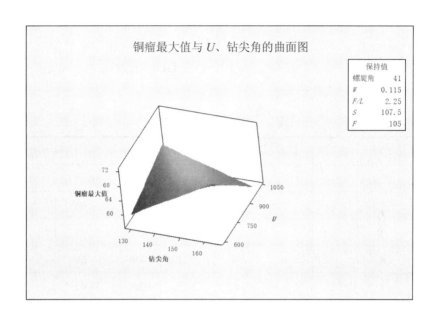

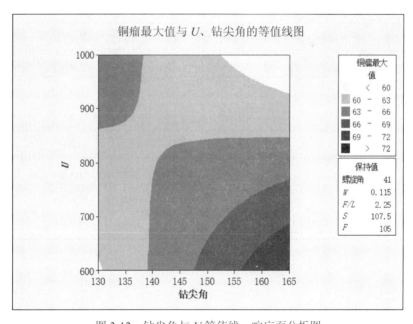

图 3-12 钻尖角与 U 等值线、响应面分析图

通过本次试验分析，所确定的参数如下所示。

F 取 130 / IPM、螺旋角取 41°、W 取 0.115、S 取 105 krpm；剩下的三因子钻尖角、F / L 应、U 做响应面试验设计，确定具体的取值范围。

选择钻尖角、F / L、U 做三因子中心点 DOE 试验设计，确定钻尖角、F / L、U 的取值。试验计划表见表 3-12 所列。

表 3-12　DOE 试验计划表

标准序	运行序	点类型	区组	钻尖角	F / L	U	铜瘤最大值	铜瘤平均值
14	1	0	1	150	2.25	1000	58.72	27.78
6	2	2	1	160	2.25	800	53.90	25.75
10	3	2	1	150	2.35	800	10.93	10.24
13	4	0	1	150	2.25	1000	62.66	36.00
1	5	2	1	140	2.15	1000	33.47	21.86
9	6	2	1	150	2.15	800	28.01	12.86
15	7	0	1	150	2.25	1000	64.89	31.89
11	8	2	1	150	2.15	1200	40.98	27.67
7	9	2	1	140	2.25	1200	15.03	12.63
12	10	2	1	150	2.35	1200	37.57	25.81
2	11	2	1	160	2.15	1000	33.47	18.61
3	12	2	1	140	2.35	1000	18.44	14.07
8	13	2	1	160	2.25	1200	31.42	14.34
5	14	2	1	140	2.25	800	42.35	22.54
4	15	2	1	160	2.35	1000	23.22	11.74

钻尖角与 F / L 等值线和响应面分析图如图 3-13 所示。结论：钻尖角与 F / L 之间有明显曲面关系，存在二次项；从响应面来看来，钻尖角取低水平、F / L 取高水平；有利于铜瘤改善。

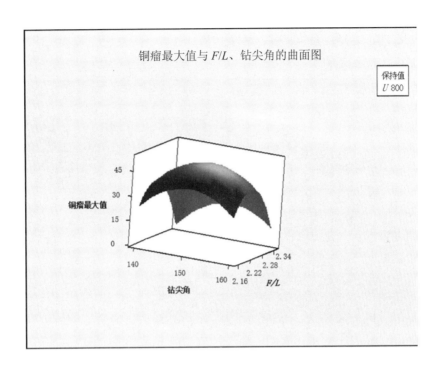

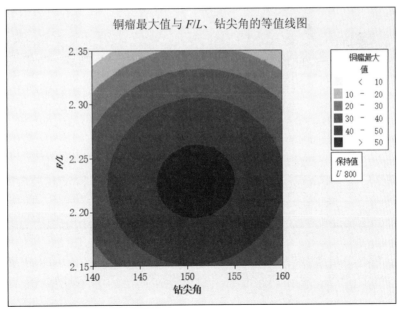

图 3-13 钻尖角与 F/L 等值线、响应面分析图

钻尖角与 F/L 等值线图如图 3-14 所示。结论：U 取 800、钻尖角取 140°、F/L 在 2.31～2.35；U 取 800、钻尖角取 160°、F/L 在 2.32～2.35 可以满足铜瘤小于 20 μm 的要求。

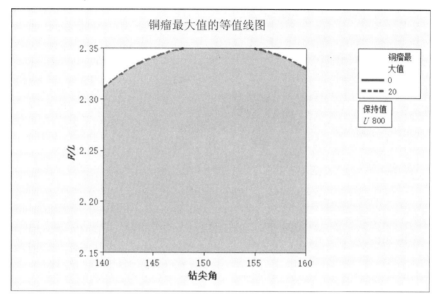

图 3-14　钻尖角与 F/L 等值线图

分析通过钻尖角、F/L、U 三因子响应面试验设计和重叠等值线，确定了钻尖角、F/L、U 的取值。

由本次试验的分析可知，W、F、钻尖角、F/L、U 为显著因子，对试验结果的影响比较大；分析重叠等值线，确定了关键因子的取值，见表 3-13 所列。

表 3-13　关键因子取值

钻尖角	螺旋角	W	F/L	S	F	U
150	41	0.09	2.35	105	130	800

使用因子设计得到的因子取值的结果如图 3-15 所示。从图中可以看出，钻孔得到的孔平整，并无铜瘤出现，因此使用因子设计很好地解决了此问题。

图 3-15　改善后的结果

第四章

单纯形优化法及应用

单纯形优化法是一种简便且有效的多因素试验方法。该试验方法首先需要确定主要影响因素的数目、上下界以及变化的步长值，其次利用一个适当的方式构造一个初始单纯形模型，最后按照各种指标的影响效果进行综合，算出其综合效应。和正交设计法、旋转设计法及均匀表设计法相比，单纯形优化具有计算简便，不受所取因素数的限制，因素数的增加并不会导致试验次数的大量增加，并且只需较少的试验次数就可以得到最优化条件。单纯形优化法是求解线性规划问题的一种通用方法，包括基本单纯形法（basic simplex method）、改进单纯形法（modified simplex method）、加权形心法（weighted centroid method）、控制加权形心法（controlled weighted centroid method）等优化过程。

4.1 优化模型设计

4.1.1 基本单纯形法

在这里所说的单纯形是指多维空间的凸多边形。其顶点数比空间的维数多 1。例如，二维空间的单纯形是一个三角形，三维空间的单纯形是一个四面体，n 维空间的单纯形是一个 $n + 1$ 个顶点的凸多边形。这里所指的空间维数就是在试验设计中所考虑的影响因素数。

1. 双因素基本单纯形法

如果有一个试验设计，只选有两个影响因素，即因素数为 2。分别以 a_1 和 a_2 作为试验的初点，记为 $A\,(a_1, a_2)$。由于双因素优化的单纯形是一个三角形，因此还必须有两个顶点才能作单纯形优化（simplex optimization）。其余两个点分别设为 B 和 C，三角形的边长再设为 a（亦称步长），那么 B，C 点就可以计算出来，如图 4-1 所示。

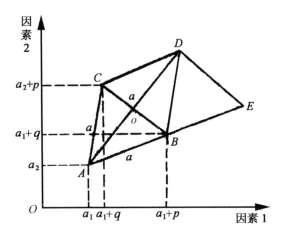

图 4-1 基本单纯形法优化过程

由假设条件知 AB 间距为 a，BC 间距为 a，AC 间距为 a。由于是等边三角形，因此，假设 B 点为

$$B = (a_1 + p, a_2 + q)$$

则据对称性可知

$$C = (a_1 + q, a_2 + p)$$

由于

$$
\begin{aligned}
B &= (a_1 + p, a_2 + g, a_3 + g, \cdots, a_n + g) \\
C &= (a_1 + g, a_2 + p, a_3 + g, \cdots, a_n + g) \\
(n) &= (a_1 + g, a_2 + p, a_3 + g, \cdots, a_n + g) \\
(n+1) &= (a_1 + g, a_2 + p, a_3 + g, \cdots, a_n + g) \\
X &= (x_1, x_2, \cdots, x_n) \\
Y &= (y_1, y_2, \cdots, y_n)
\end{aligned}
\tag{4-1}
$$

$$|BC| = a$$

$$= \sqrt{(a_1 + q - a_1 - p)^2 + (a_2 + p - a_2 - q)^2} \qquad （4\text{-}2）$$

$$= \sqrt{2(p-q)^2}$$

由式（4-1）和式（4-2）可知其解：

$$p = 0, q = a \quad 或 \quad p = a, q = 0$$

由于这两个解比较特殊，在这里不取这两个解，并设 $p > q > 0$，则

$$2(p+q)^2 = a^2 \qquad （4\text{-}3）$$

$$p^2 + q^2 = a^2 \qquad （4\text{-}4）$$

联立式（4-3）和式（4-4），得

$$pq = \frac{1}{4}a^2 \qquad （4\text{-}5）$$

由于 $p > q > 0$，由式（4-3）得

$$p - q = \frac{1}{\sqrt{2}}a \qquad （4\text{-}6）$$

由式（4-5）和式（4-6）可知其解：

$$\begin{cases} q = \dfrac{\sqrt{3}-1}{2\sqrt{2}}a, \\[2mm] p = \dfrac{\sqrt{3}+1}{2\sqrt{2}}a \end{cases} \qquad （4\text{-}7）$$

注：$p < q$，$q > 0$ 或 $p < 0$，$q < 0$ 的情况都可以，只是它们构成的初始单纯形不同而已。这只是一个初始单纯形的构成技术，在本章末专门有介绍初始单纯形的构成方法。

由 A，B，C 三点构成的单纯形称为初始单纯形。首先在相应于初始单纯形点的条件，即 A，B，C 三点的条件下做试验，得出三个响应值，比较三个响应值的大小，找出最坏响应值的点，称为坏点。例如，设 A，B，C 三点中的 A 为坏点，这时就考虑去掉 A 点并取 A 点的对称点 D 为新试验点，新试验点是 A 点过 o 点（BC 中点）的对称反射点，因此 D 点称为反射点。o 点是 BC 的中点，又称为形心点 (centroid point)。这时 D 点与留下的 B，C 点构成新的单纯点。其次根据 D 点的条件进行试验，得出 D 点的响应值。再次比较 D，B，C 所构成的新单纯形的各点响应值的大小（比较 B，C，D 的试验结果），如果此时 C 点的结果最坏，去掉 C 点，取其反射点 E。E 点与 B，D 两点又构成新的单纯形。最后重复初始单纯形的过程，即找出最坏点，去掉坏点与求新的反射点，最终达到优化的目的。

如果在单纯形的推进过程中，新试验点的响应最坏，则其反射点又回到原来去掉的坏点上。这时，单纯形出现"往复"，无法向前推进，这种情况下应当保留最坏点，去掉次坏点，用次坏点的反射作为新试验点。

2. 新试验点的计算方法

以初始单纯形 A，B，C 为例。设 A 为坏点，则 A 应当被去掉，应求其反射点 D。由于 o 为 BC 的中点，所以 o 点的坐标应为 $o = \dfrac{B+C}{2}$；而 D 点为过 o 点的等距反射点，所以 D 点的坐标应为 $2 \times o - A$。

所以

$$
\begin{aligned}
D &= 2 \times \frac{B+C}{2} - A \\
&= B + C - A \\
&= (a_1 + p + q, a_2 + p + q)
\end{aligned}
$$

同理

$$E = B + D - C$$
$$= (a_1 + 2p, a_2 + 2q)$$

即

$$[新试验点]=[留下各点之和]–[去掉点] \tag{4-8}$$

3. 多因素基本单纯形法

设由 n 个因素、$n+1$ 个顶点构成的 n 维空间的单纯形，有一点 $A = (a_1, a_2, a_3, \cdots, a_n)$，步长为 a。

则其余各点的计算与二维空间相似，分别为

$$B = (a_1 + p, a_2 + g, a_3 + g, \cdots, a_n + g)$$
$$C = (a_1 + g, a_2 + p, a_3 + g, \cdots, a_n + g)$$
$$(n) = (a_1 + g, a_2 + p, a_3 + g, \cdots, a_{n-1} + p, a_n + g)$$
$$(n+1) = (a_1 + g, a_2 + g, a_3 + g, \cdots, a_{n-1} + g, a_n + p)$$

其中，

$$\begin{cases} p = \dfrac{\sqrt{n+1} + n - 1}{\sqrt{2}n} a, \\ g = \dfrac{\sqrt{n+1} - 1}{\sqrt{2}n} a \end{cases} \tag{4-9}$$

各点的变化是有规律的，除了初始点，第 i 个试验点的第 $i-1$ 个因素的取值比初始点 A 增加 p，而其他因素均增加 g。

由 $A, B, C, \cdots, (n), (n+1)$，共 $n+1$ 个顶点构成了初始单纯形，在各个顶点的条件下做试验，得出各个响应值。比较结果，找出坏点，去掉坏点并求出坏点的反射点，以反射点为新点，使单纯形向前推进。

新点计算：

$$[新试验点]=2\times[形心点坐标]-[去掉点坐标]$$

而

$$[形心点坐标]=[n \text{ 个留下点的坐标和}]/n \qquad (4-10)$$

故

$$[新坐标点]=2\times[n \text{ 个留下点的坐标和}]/n-[去掉点坐标] \qquad (4-11)$$

与双因素相同，如果在优化过程中出现"往复"现象，则采用去掉次坏点保留最坏点的方法，促使基本单纯形继续向前推进。一般情况下，在 n 因素的优化中，如果有一个点经过 $n+1$ 个单纯形后仍未被淘汰，则做重复试验，证实它为最好点，即可停止。

4. p，g 的计算

在 n 维空间中任意两点 x 和 y：

$$X = (x_1, x_2, \cdots, x_n)$$
$$Y = (y_1, y_2, \cdots, y_n)$$

它们之间的距离若为 a，满足

$$(x_1 - y_1)^2 + (x_2 - y_2)^2 + \cdots + (x_n - y_n)^2 = a^2$$

根据 n 维正规单纯形中任何两顶点距离都应等于 a 的性质，由式（4-1）定义的正规单纯形亦应如此。

例如：

$$① = (a_1, a_2, \cdots, a_n)$$
$$② = (a_1 + p, a_2 + g, \cdots, a_n + g)$$

项点①和②之间的距离为 a，则有

$$(a_1 + p - a_1)^2 + (a_2 + g - a_2)^2 + \cdots + (a_n + p - a_n)^2 = a^2$$

化简后有

$$p^2 + (n-1)g^2 = a^2 \qquad (4\text{-}12)$$

则顶点①与②之间应有

$$(a_1 + p - a_1)^2 + (a_2 + g - a_2 - p)^2 + (a_3 + p - a_3 - g)^2 + \cdots +$$
$$(a_n + p - a_n - g)^2 = a^2$$

化简后有

$$2(p - g)^2 = a^2 \qquad (4\text{-}13)$$

读者容易验证其他顶点的间距公式简化后不是（4-12）型就是（4-13）型，因此问题归纳为求解式（4-12）和式（4-13）：

$$p^2 + (n-1)g^2 = a^2 \qquad (4\text{-}14)$$
$$2(p - g)^2 = a^2 \qquad (4\text{-}15)$$

由式（4-15）取正根，有

$$p = g + \frac{a}{\sqrt{2}} \qquad (4\text{-}16)$$

代入式（4-15），得

$$(g+\frac{a}{\sqrt{2}})^2+(n-1)g^2=a^2$$

或

$$ng^2+\frac{2a}{\sqrt{2}}g-\frac{a^2}{2}=0$$

求得

$$g=\frac{-1+\sqrt{n+1}}{\sqrt{2}n}a$$

求正根，则

$$g=\frac{-1+\sqrt{n+1}}{\sqrt{2}n}a$$

代入式（4-16），有

$$p=\frac{\sqrt{n+1}-1+n}{\sqrt{2}n}a$$

当 $n=2$ 时，则

$$g=\frac{\sqrt{3}-1}{2\sqrt{2}}a$$

$$p=\frac{\sqrt{3}+1}{2\sqrt{2}}a$$

当 n 取其他值时，相应的 p，g 值见表 4-1 所列。

表 4-1　n，p，g 的取值对应表

n	p	g	n	p	g
2	$0.966a$	$0.259a$	9	$0.878a$	$0.171a$
3	$0.943a$	$0.236a$	10	$0.872a$	$0.165a$
4	$0.926a$	$0.219a$	11	$0.865a$	$0.158a$
5	$0.911a$	$0.204a$	12	$0.861a$	$0.154a$
6	$0.901a$	$0.194a$	13	$0.855a$	$0.148a$
7	$0.892a$	$0.185a$	14	$0.854a$	$0.147a$
8	$0.883a$	$0.176a$	15	$0.848a$	$0.141a$

用前面的例子，用由两因素问题构成的初始单纯形在此 A，B，C 三点上进行试验，并对结果加以比较，须用规则 1。

规则 1：去掉最坏点，用其对称反射点作为新试点。

例A，在 A，B，C 中，A 为最坏点，则去掉 A，用其对称反射点 D 作为下一步的新试点。

$$D=[留下点之和]–[去掉点]$$
$$=B+C–A$$

在 B，C，D 三点上继续使用规则 1，例如，如果最坏点是 C 点，则新试点 E 的公式为

$$F=B+D+C$$

但如果最坏点是 D，那么其对称点就会返回到与 A 点重合，得不到新试点，这时改用规则 2。

规则 2：去掉次坏点，用其对称反射点作为新试点，对称反射点计算公式同前。经过反复使用后，如果有一个点老是保留下来，则须使用规则 3。

规则 3：重复、停止和缩短步长。

一般一个点经过三次单纯形后仍未被淘汰掉，那么它可能是一个很好的点，也可能是一个假象（即偶然好一次，或者是试验结果错误）。这时就需要进行重复试验，如果结果不好，就把它淘汰掉；如果结果仍然好，并且试验结果已很满意，就可停止试验，反之就以它为起点，把原步长 a 缩短（如缩小一半），再用上面确定试验点的办法并交替使用规则 1，2，3，直至找到满意的结果为止。

5. 特殊方法

前面介绍的单纯形是正规的，其任意两顶点间的距离相等。实际上这个要求也可以不要，因为各因素取的量纲可以不一样[例如，一个因素是温度 (℃)，另一个因素是压力 (kg / cm^2)，再一个因素是时间 (s)，要求三个因素等距离是不妥当的]，即使量纲一样，所取单位也不一定一样；当然也可以从几何上做变换，使单纯形仍保持正规性。下面将介绍另外几种单纯形，虽然它们不是正规的，但具有其他特点。

（1）直角单纯形法。

先考虑双因素情形，试验开始不是从正三角形出发，而是从一个直角三角形出发。其三个顶点取值如下：

$$⓪ = (a_1, a_2)$$
$$① = (a_1 + p_1, a_2)$$
$$② = (a_1, a_2 + p_2)$$

同样比较在这三个顶点上的试验结果，若⓪最坏，则新点③就用对称公式（同前），如图 4-2 所示。

$$③ = ① + ② - ⓪ = (a_1 + p_1, a_2 + p_2)$$

在③点做试验后，再比较第二个单纯形①，②，③的结果，若②最坏，则取其的对称点④作试点：

$$④ = ③ + ① - ② = (a_1 + 2p_1, a_2)$$

①，③，④构成第三个单纯形。比较其结果后，若④最坏，这时就使用去掉次坏点的规则2。若次坏点是③，则新点⑤为

$$⑤ = ① + ④ - ③ = (a_1 + 2p_1, a_2 - p_2)$$

如此继续试验，有时还使用规则3，直至找到满意点为止。

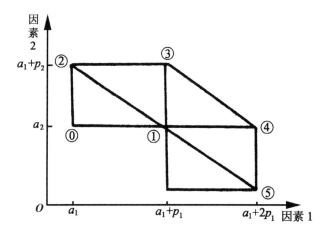

图 4-2　直角单纯形法优化过程示意图

如果有任意 n 个因素，就构成广义的直角单纯形，其顶点如下：

$$⓪ = (a_1, a_2, \cdots, a_n)$$
$$① = (a_1 + p_1, a_2, \cdots, a_n)$$
$$② = (a_1, a_2 + p_2, \cdots, a_n)$$
$$\cdots\cdots$$
$$(n-1) = (a_1, a_2, \cdots, a_{n-1} + p_{n-1}, a_n)$$
$$(n) = (a_1, a_2, \cdots, a_{n-1}, a_n + p_n)$$

除顶点 O 外，一般顶点 (i)，其第 i 因素有一个增量 p_i（其大小和正负按实际情况而定，其他因素仍保持 O 点的初始值）。从这个初始单纯形出

发安排试验，以后就不断使用规则 1，2，3 及计算新点的对称公式，直至找到满意点为止。对称公式同式（10-11）。例如，在第一个单纯形中经试验比较后，点①最坏，则新点 $(n+1)$ 按公式计算：

$$(n+1)=2\times[①+②+③+\cdots+n]/n-① = (a_1+p_1, a_2+2p_2/n, \cdots, a_2+2p_2/n)$$

这样的单纯形，因素不同没有影响，且不同因素增减的量的幅度大小可以按需要而异，不像正规单纯形被一个共同的步长 a 约束。

（2）双水平单纯形法。

前面介绍的两种单纯形（正规和直角的）只是帮助选择到最优试验条件，至于不同因素对目标的定量影响是不考虑的。用数理统计方法安排的试验，往往更注意后者。这样可以从众多的因素中找出作用最大的那些因素（或抓出主要因素），同时可以估计改变后的不同因素的量对目标的影响大小（统计中也叫效应），为以后的试验在调节一些因素时提供一个定量的依据。

下面结合这种统计分析来设计单纯形。在本设计中，考虑有五个因素（很容易推广到 n 个因素的情况），假定每一个因素可以取高、低两个数值（统计中也叫两个水平），用 x_{ij} 表示第 i 个因素取第 j 个水平。显然，$i=1, 2, 3, 4, 5$；$j=1, 2$。用 $\overline{x}_i = \dfrac{x_{i1} + x_{i2}}{2}$ 表示第 i 个因素的平均值。这时针对五个因素的情况，一个 5 维的单纯形（双水平单纯形）可以被设计出来。它有 6 个顶点，如下：

$$① = (x_{11}, x_{21}, x_{31}, x_{41}, x_{51})$$
$$① = (x_{12}, x_{21}, x_{31}, x_{41}, x_{51})$$
$$② = (\overline{x}_1, x_{22}, x_{31}, x_{41}, x_{51})$$
$$③ = (\overline{x}_1, \overline{x}_2, x_{32}, x_{41}, x_{51})$$
$$④ = (\overline{x}_1, \overline{x}_2, \overline{x}_3, x_{42}, x_{51})$$
$$⑤ = (\overline{x}_1, \overline{x}_2, \overline{x}_3, \overline{x}_4, x_{52})$$

不难看出规律：初始点都是用的第一水平，以后各点逐渐用第二水平，然后是平均水平，分别代进去，并且一个因素接一个因素逐渐推下去。利用这种双水平单纯形可以计算各因素对目标的影响大小（效应）。举一个因素的例子，说明效应计算过程。设有三个计算因素 A，B，C，已知它们取两个水平值，见表 4-2 所列，如果以 x_{ij} 表示第 i 个因素取 j 的水平 $(i = 1, 2, 3\cdots; j = 1, 2)$，则 x_i 表示第 i 个因素的平均值。

表 4-2　双水平单纯形法优化因素水平表

因素	A	B	C
水平 1	80	32	1.6
水平 2	84	34	2.0

很容易按前述规则构造一个三维的双水平单纯形（有四个顶点），其顶点取值及其试验结果目标值 Y 一起列于表 4-3。

表 4-3　双水平单纯形法优化试验设计表

顶点	因素			
	A	B	C	Y
⓪	80	32	1.6	74
①	84	32	1.6	76
②	82	34	1.6	77
③	82	33	2.0	79

试验点：$⓪ = (x_{11}, x_{21}, x_{31})$

$① = (x_{12}, x_{21}, x_{31})$

$② = (\overline{x}_1, x_{22}, x_{31})$

$③ = (\overline{x}_1, \overline{x}_2, x_{32})$

下面根据表 4-3 来计算因素 A，B，C 的效应。为此构造表 4-4，其上半部只是把表 4-3 中的其他各行减去第一行；表下半部分是这样得到的：用 x_A，x_B，x_C 分别表示因素 A，B，C 的效应，效应 (A) 行是由表上半部分① −

①行得到，$4x_A = 2$，故 $x_A = 0.5$。同理，由② － ①行，$2x_A + 2x_B = 3$。

表 4-4　双水平单纯形法因素效应计算表

差		因素			
		A	B	C	Y
① － ⓪		4	0	0	2.0
② － ⓪		2	2	0	3.0
③ － ⓪		2	1	0.4	5.0
效应	(A)	1	0	0	0.5
	(B)	0	1	0	1.0
	(C)	0	0	1.0	7.5

把 $x_A = 0.5$ 代入，则有 $x_B = 1$，再由③ － ⓪行得 $2x_A + x_B + 0.4x_C = 5$，解之即得 $x_C = 7.5$，这样分别就有 (A)、(B) 及 (C) 行。由此可看出，因素 C 对目标影响最大，B 次之，A 更次之。因此合理地改变因素 C 的值，收益最大。

n 个因素的 n 维双水平的设计及效应计算的一般公式见后面的讨论。

有了单纯形定点公式，就可以在这些顶点上安排试验。然后比较结果，再使用前面所述的规则 1，2，3 以及对称点的计算公式，就可以不断构成新的单纯形，并使结果调向更优的地方。

对于 n 维双水平单纯形设计及效应计算，前面 5 个因素的情况将很快地被扩广到 n 个因素（或 n 维）的情况。首先将 n 个因素取两个水平的情况列于表 4-5。

表 4-5　双水平单纯形法优化 n 个因素二水平表

因素	A_1	A_2	A_3	…	A_n
水平 1	x_{11}	x_{21}	x_{31}	…	x_{n1}
水平 2	x_{12}	x_{22}	x_{32}	…	x_{n2}

由此构造 n 维双水平单纯形，并加上在相应顶点做试验后的目标值，见

表 4-6 所列。表中，A_i 表示第 i 个因素，Y_j 表示第 j 个顶点上的试验结果值，$\overline{x}_i = \dfrac{x_{i1} + x_{i2}}{2}$，$i = 1, 2, \cdots, n$。新单纯形的构成则需按试验结果的比较不断使用前述规则 1，2，3 及新点的计算公式。下面根据表 4-6 进一步计算 A_1，A_2，$\cdots$，A_n 等因素效应，分别记为 $x_1, x_2, \cdots, x_n$，为此制作表 4-7。

其中，$x_i' = \dfrac{x_{i2} - x_{i1}}{2}$，$i = 1, 2, \cdots, n$。利用表 4-7，可以得到下列方程组：

$$\begin{cases} x_1'x_1 + (x_{22} - x_{21})x_2 = Y_1 - Y_0, \\ x_1'x_1 + x_2'x_2 + (x_{32} - x_{31})x_3 = Y_2 - Y_0, \\ \qquad\qquad \cdots\cdots \\ x_1'x_1 + x_2'x_2 + \cdots + x_{n-1}'x_{n-1} + (x_{n2} - x_{n1})x_n = Y_n - Y_0 \end{cases} \tag{4-17}$$

表 4-6　双水平单纯形法优化 n 个因素的试验设计表

顶点	A_1	A_2	A_3	$\cdots$	A_{n-1}	A_n	Y
⓪	x_{11}	x_{21}	x_{31}	$\cdots$	X_{n-1}, 1	x_{n1}	Y_0
①	x_{12}	x_{21}	x_{31}	$\cdots$	x_{n-1}, 1	x_{n1}	Y_1
②	$\overline{x}_1$	x_{22}	x_{31}	$\cdots$	x_{n-1}, 1	x_{n1}	Y_2
$\cdots$	$\cdots$	$\cdots$	$\cdots$	$\cdots$	$\cdots$	$\cdots$	$\cdots$
(n)	$\overline{x}_1$	$\overline{x}_2$	$\overline{x}_3$	$\cdots$	$\overline{x}_{n-1}$	x_{n2}	Y_n

表 4-7　双水平 n 因素单纯形法因素的效应计算表

差值	A_1	A_2	A_3	$\cdots$	A_{n-1}	A_n	Y
①－⓪	$x_{12} - x_{11}$	0	0	$\cdots$	0	0	$Y - Y_0$
②－⓪	x_1'	$x_{22} - x_{21}$	0	$\cdots$	0	0	$Y_2 - Y_0$
$\cdots$	$\cdots$	$\cdots$	$\cdots$	$\cdots$	$\cdots$	$\cdots$	$\cdots$
$(n)－⓪$	x_1'	x_2'	x_3'	$\cdots$	x_{n-1}'	$x_{n2} - x_{n1}$	$Y_n - Y_0$

记 $r_i = Y_i - Y_0$，则方程很容易解出，即

$$\begin{cases} x_1 = \dfrac{r_1}{2x_1'}, \\[3mm] x_2 = \dfrac{r_2 - \dfrac{r_1}{2}}{2x_2'}, \\[3mm] x_3 = \dfrac{r_3 - \dfrac{r_2}{2} - \dfrac{r_1}{4}}{2x_3'}, \\[2mm] \qquad\cdots\cdots \\[2mm] x_n = \dfrac{r_n - \dfrac{r_{n-1}}{2} - \dfrac{r_{n-2}}{2^2} - \cdots - \dfrac{r_1}{2^{n-1}}}{2x_n'} \end{cases} \qquad (4\text{-}18)$$

特别当 $n = 3$ 时，见本节的例子，这时 $x_A = x_1$，$x_B = x_2$，$x_C = x_3$，而 $r_1 = 2$，$r_2 = 3$，$r_3 = 5$；$x_1' = 2$，$x_2' = 1$，$x_3' = 0.2$，因此

$$x_1 = \frac{r_1}{2x_1'} = \frac{2}{2 \times 2} = 0.5$$

$$x_2 = \frac{r_2 - \dfrac{r_1}{2}}{2x_2'} = \frac{3 - \dfrac{2}{2}}{2 \times 1} = \frac{2}{2} = 1$$

$$x_3 = \frac{r_3 - \dfrac{r_2}{2} - \dfrac{r_1}{4}}{2x_3'} = \frac{5 - \dfrac{3}{2} - \dfrac{2}{4}}{2 \times 0.2} = \frac{0.3}{4} = 7.5$$

4.1.2　改进单纯形法

基本单纯形法是利用对称反射原理，把去掉的点以心点为中心做等距反射，经过几次单纯形后，找出最优条件的方法。如果在调优过程中选用的步长较大，优化速度加快，但结果的精度较差，即是说，所确定的优化

点离真正的最优点还有一定的"距离"。反之，如果步长短，则精度较好，但所需用的试验次数（即单纯形的个数）增多。

基本单纯形法的这些缺点，通过改进就得到一种新的单纯形方法，就是改进单纯形法（MSM）。MSM是用调整反射的距离，即通过"反射""扩张""收缩"或"整体收缩"来加速新试验点的搜索过程，同时可以采用较短步长，使其满足一定的精度要求。总的说来，改进单纯形法的原理和基本单纯形法相同，只是新点的计算方法不同。

引入的参数 a 称为"反射"系数。这时新点的计算公式如下：

$$[新试点的坐标] = (1+a) \times \frac{[留下各点的坐标和]}{n} - a \times [去掉点的坐标]$$

$$(4-19)$$

①$a=1$，此时式（4-19）就变为基本单纯形中新点的计算公式，即这时的新试验点为去掉点的等距离反射点，改进单纯形法又变成了基本单纯形法。

②$a>1$ 的情况。

按基本单纯法（即 $a=1$）计算出新点后，对新试验点做试验，得出新试验点的响应值。如果新点的响应值最好，就说明搜索的方向正确，可以进一步沿 AD 搜索，如图4-3所示。因此取 $a>1$（称为扩大），计算扩大点的值，如果扩大点 E 的结果不如反射点 D 好，则"扩大"失败，仍采用 D 点，这时由反射点和留下点点构成新单纯形 BCD，继续优化。

③$0<a<1$ 的情况。

按基本单纯形法 $(a=1)$ 计算出的反射点 D 的响应值坏，但比去掉点 A 的响应值好。这时采用 $0<a<1$（称为"收缩"），新试验点的响应值仍按式（2-19）计算，它与留下点构成新单纯形 BCN_D。

④$-1<a<1$ 的情况。

按 $(a=1)$ 计算出的反射点 D 的响应值比去掉点 A 的响应值更坏，这时采用$-1<a<0$（称为内收缩）计算新试验点的响应值，以内缩点和留下点构成新单纯形 BN_AC，继续优化。

⑤如果在去掉点与其反射点连线的 $\overline{AD}$ 方向上的所有点的响应值都比去掉点 A 的响应值坏，则不能沿此方向收缩，这时应以单纯形中的最好点

为初点。到其他各点的一半为新点，构成新的单纯形 $BA'C'$，进行优化（如图 4-4 所示）。这时，"距离"减半，即步长减半，因此称为"整体收缩"。

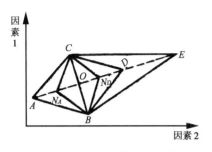 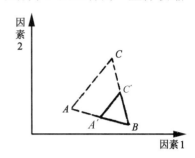

图 4-3　改进单纯形优化过程示意图　　　图 4-4　单纯形的"整体收缩"优化示意图

改进单纯形法解决了优化速度与精度的矛盾，但其步骤较为复杂，如果配以小型计算机或可编程序计算器，这种方法的优点将更为突出。

4.1.3　加权形心法

基本单纯形法和改进单纯形法都是以去掉点的方向作为新试验点的搜索方向，这就是暗示，去掉点的反射方向作为近似的优化方向，也即是梯度变化最大的方向。实际上这个方向只是一个近似的梯度最大方向，因此这样的搜索结果势必会增加搜索次数和降低搜索结果的精度。为了解决这个问题，研究者提出了加权形心法。加权形心法利用加权形心代替单纯的反射形心，使新点的搜索方向更接近实际的最优方向，而其原理与改进单纯形法的原理相同。

为了便于理解，先举一个双因素的加权形心法例子，再给出 n 因素的加权形心点计算公式。

图 4-5 是由 W，B，C 三个顶点组成的一个二因素优化过程的单纯形，并知 W 点的响应值最坏，B 点的响应值最好。

如果函数在搜索优化过程中不出现异常，那么搜索最优点的方向明显应当更靠近 $\overline{WB}$ 的方向，而不是靠近 $\overline{WC}$ 的方向。因此，利用加权的方法使搜索的方向由原来的 $\overline{WE}$ （反射方向）变为 $\overline{WE'}$ （加权方向），这时，用加权形心点 O_k 代替反射形心点 O。

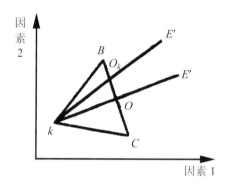

图 4-5 形心点 O 和权形心点 O_k

加权形心点：

$$[O_k] = \frac{\sum\limits_{i=1}^{3}\{R(p_i) - R(k)\} \times p_i}{\sum\limits_{i=1}^{3}\{R(p_i) - R(k)\}} \qquad (4\text{-}20)$$

式中，p_i 为第 i 点的坐标。

　　$R(p_i)$ 为第 i 点的响应值。

　　(k) 为最坏点的响应值。

同样，n 因素的加权形心点的计算公式如下：

$$[O_k] = \frac{\sum\limits_{i=1(i \neq k)}^{n+1}\{R(p_i) - R(k)\} \times p_i}{\sum\limits_{i=1(i \neq k)}^{n+1}\{R(p_i) - R(k)\}} \qquad (4\text{-}21)$$

将 $[O_k]$ 代替改进单纯形法中的形心点 $[O]$，即成为加权形心法。

4.1.4　控制加权形心法

加权形心法使得优化点的搜索方向更接近于梯度最大的方向，但是在某些情况下，由于搜索方向接近于响应值大的点，使得在垂直于前面搜索方向的搜索能力减小，甚至这种搜索小到不能继续搜索而发生单纯形退化。

可见，对形心点的加权不能无休止地任意加权，否则有可能出现单纯形的退化，反而使得优化速度大大地减慢，甚至不可能进行。因此，需要对加权的权重进行控制，这就是下面将介绍的控制加权形心法。

如果在加权形心法的过程中引入一个新的参数 r，则 r 的计算式为

$$r = \frac{\|O_k - O\|}{\|B - O\|} \tag{4-22}$$

式中，O_k 为加权形心点。

O 为反射形心点。

B 为响应值最好的点。

从上式可以看出，r 实际上是反射形心点到加权形心点之间的距离与反射形心点到最优点的距离的比率。因此 r 的范围为 $0 \sim 1$。由于 B 是最优点，所以加权的方法应当靠近 B 的方向，这时控制加权形心点的计算方式为（控制加权形心点的计算与加权形心法相同）

$$\begin{cases} O_e = O_k, & \text{如果} 0 \leq r \leq \varphi, \\ O_e = (1-h) \times O + h \cdot B, & \text{如果} r > \varphi \end{cases} \tag{4-23}$$

式中，O_c 为控制加权形心点 (controlled weighted centroid)。

O_k 为加权形心点 (weighted centroid)。

O 为反射形心点 (reflection centroid)。

B 为单纯形中响应值最好的点的坐标。

h 为 $0 \sim 1$ 的数值。

实际发现，当 h 取 0.3 时，控制加权的效果比较好，可以避免单纯形的退化，因此在以后的计算中一般采用 $h = 0.3$。到此为止，单纯形法就算发展成了一个完整的体系。

4.1.5　单纯形优化的参数选择

1. 确定因素和步长

在试验中，如果只研究优化条件，并用基本单纯形法研究，则必须确

定研究的因素。因素主要根据专业知识和经验确定。由于单纯形法不受因素数的限制，考察的因素可以多些。那些尚不能肯定对响应有没有影响的因素也可以在单纯形中进行研究，但是所选择的因素应是体系中独立的变量。在分析测试中不应将物质浓度作为考察对象，同时也尽可能避免将两个因素合并考察。

因素确定后，根据分析仪器和试验要求规定因素变化的上下限，根据上下限的范围确定步长的大小（不能将步长取为上、下限之差）。步长较大，优化速度加快，但结果精度较差；步长太小，试验次数会增多，优化速度慢。因此，确定步长时要考虑每个试验点的响应值，即响应值的变化大于试验误差。因素和步长确定后就可以进行单纯形优化。

2. 试验指标

试验指标是用于衡量和考核试验响应的各种数值，在分析测试中可将仪器响应值作为试验指标，但有时须转换成其他的数量。试验指标是数量化的，以便直接用于比较结果的大小。如分光光度法中的吸光度，色谱中的峰面积和保留值。另外，在确定试验指标时，还应考虑因素性质，例如，在某些原子吸收分光光度计中，如日立 180 – 80 原子吸收光谱仪的燃助比和进样量不能分别调节，当空气压力作为一个考察的因素时，空气压力的改变将直接影响进样量，从而导致吸光度的变化。在这种情况下，试验指标不宜选用吸光度，而应采用与进样量无关的摩尔吸收系数。

4.1.6　初始单纯形的构成

构成初始单纯形的方法有很多，本章所介绍的方法是根据初始点和步长来计算初始单纯的各个顶点。各因素的步长是相同的，但实际过程中各因素的步长和单位并不相同，因此利用这种方法计算就会变得很麻烦。这种计算方法作为原理理解还是比较方便的，但在实际应用中问题较多，因此采用下述方法构成初始单纯形。

1. *Long* 系数表法

D.E.Long 提出了一种用系数表构成初始单纯形各顶点的方法。该方法可以解决试验设计中初始单纯形的构成，使用时把表中的对应数值乘上该因素的步长后，再加到初始点坐标上。

例如，有一个二因素的设计过程，其初始点为 (10.0，2.0)；步长分别取为 1.0 和 0.5，据 *Long* 系数表来计算其余两个顶点的坐标。

顶点 1：(10.0, 2.0)；

顶点 2：(10.0 + 1.00 × 1.0, 2.0 + 0 × 0.5) = (11.0, 2.0)；

顶点 3：(10.0 + 0.5 × 1.0, 2.0 + 0.886 × 0.5) = (10.5, 2.433)。

Long 系数（见表 4-8 所列）表示可以构成 10 因素内的初始单纯形。

表 4-8　*Long* 系数表

顶点	因素									
	A	B	C	D	E	F	G	H	I	J
1	0	0	0	0	0	0	0	0	0	0
2	1.00	0	0	0	0	0	0	0	0	0
3	0.50	0.866	0	0	0	0	0	0	0	0
4	0.50	0.289	0.817	0	0	0	0	0	0	0
5	0.50	0.289	0.204	0.791	0	0	0	0	0	0
6	0.50	0.289	0.204	0.158	0.775	0	0	0	0	0
7	0.50	0.289	0.204	0.158	0.129	0.764	0	0	0	0
8	0.50	0.289	0.204	0.158	0.129	0.109	0.756	0	0	0
9	0.50	0.289	0.204	0.158	0.129	0.109	0.094	0.750	0	0
10	0.50	0.289	0.204	0.158	0.129	0.109	0.094	0.083	0.745	0
11	0.50	0.289	0.204	0.158	0.129	0.109	0.094	0.083	0.075	0.742

2. 均匀设计表法

由 *Long* 系数表所构成的初始单纯形的各顶点在空间不均匀分布的，因此进行的是不均匀优化；由均匀设计表所构成的初始单纯形的各顶点在空间均匀分布，这样进行的优化就是整体的均匀优化。

根据所选取的因素数，确定一个比较适合的均匀表，使用时把表中的对应数值乘以相应因素的步长，加到初始点坐标上即可。

例如，有一个四因素的优化过程，因此可以选用四因素的均匀设计表（见表 4-9 所列）。

表 4-9　四因素均匀表 $U_5(5^4)$

试验次数	因素			
（顶点）	A	B	C	D
1	1	2	3	4
2	2	4	1	3
3	3	1	4	2
4	4	3	2	1
5	5	5	5	5

设初点为 (1.0, 1.0, 1.0, 1.0)；步长分别为 0.5，1.0，1.5，2.0，则各顶点计算如下。

顶点 1：$(1.0 + 1 \times 0.5 + 2 \times 1.001.0 + 3 \times 1.50 + 4 \times 2.0)$

　　　　　$= (1.5, 3.0, 5.5, 9.0)$；

顶点 2：$(1.0 + 2 \times 0.50 + 4 \times 1.001.0 + 1 \times 1.50 + 3 \times 2.0)$

　　　　　$= (2.0, 5.0, 2.5, 7.0)$；

顶点 3：$(1.0 + 3 \times 0.50 + 1 \times 1.001.0 + 4 \times 1.50 + 2 \times 2.0)$

　　　　　$= (3.0, 4.0, 4.0, 3.0)$；

顶点 4：$(1.0 + 4 \times 0.50 + 3 \times 1.001.0 + 2 \times 1.50 + 1 \times 2.0)$

　　　　　$= (3.0, 4.0, 4.0, 3.0)$；

顶点 5：$(1.0 + 5 \times 0.50 + 5 \times 1.00 + 5 \times 1.50 + 5 \times 2.0)$

　　　　　$= (3.5, 6.0, 8.5, 11.0)$。

4.1.7　单纯形的收敛

在单纯形的优化过程中，经常考察试验结果是否达到要求，这种考察在统计上称为收敛性试验。前面曾提到过单纯形收敛的检验方法，即在 n

因素的单纯形中，如果有一个点经过 $n+1$ 次单纯形后仍未被淘汰，一般可以此点收敛。这种检验的方法未考虑到试验误差的存在。按数理统计或实际工作要求，单纯形收敛准则应为

$$|(R(B)-R(K)/R(B)|<X \qquad (4-24)$$

式中，$R(B)$ 和 $R(K)$ 分别代表最好点 B 与最坏点 X 的响应值，X 为试验误差或预给定的允许误差。

4.2 单纯形优化在激光制作微盲孔中的应用

4.2.1 微盲孔的孔型

微孔的孔型（真圆度、上下孔径比）对填镀效果有显著影响。当盲孔的上孔径较大时，电镀液在孔内交换激烈，致使微盲孔难以填满；当盲孔的上孔径过小或过深时，电镀液在孔内难以充分交换，致使微盲孔在填镀过程中出现"空洞"问题。因此，要想保证电镀填盲孔的效果，必须对盲孔的孔型进行控制。

一方面，在孔径、孔深 定的情况下，卜孔径为上孔径的 75%～90%，即要求上下孔径比在 75%～90%，使孔型为"倒梯形"，这有利于获得填镀效果良好的微盲孔。另一方面，真圆度也对填镀效果有影响，真圆度越大，填孔效果越好，一般生产要求盲孔真圆度≥85%。

激光钻孔的标准孔型如图 4-6 所示，孔壁为直线，孔呈倒梯形，这种"倒梯形"的盲孔，其"上下孔径比"按 a/b 进行计算（a 为下孔径，b 为上孔径）。其中，要求 75%≤a/b≤90%。

真圆度的测量采用半径测量法：量取圆形轮廓半径的最大值与最小值。真圆度的计算公式为 c/d。其中，c 为圆形轮廓半径的最小值，d 为圆形轮廓半径的最大值，如图 4-7 所示。

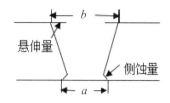

图 4-6　激光钻孔的孔型示意图

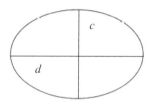

图 4-7　真圆度的示意图

4.2.2　激光制作微盲孔工艺流程

采用 CO_2 激光钻孔装置，对自制压合板实施钻盲孔，设置目标孔径为 100 μm。盲孔制作的工艺流程如图 4-8 所示。

图 4-8　CO_2 激光钻盲孔的工艺流程图

4.2.3　微盲孔制作工艺参数优化

优化目标：孔径为 100 μm 的盲孔孔型。孔型包含两个参数，即真圆度和上下孔径比，因此，以两个因素的综合效应作为评价指标。鉴于真圆度对孔的金属化的影响比上下孔径比对孔的金属化的影响略大，因此计算综合效应的时候，定义真圆度的效应比重为 60%，上下孔径比的效应比重为 40%。一般认为，盲孔的上下孔径比最好介于 75%～90%。为此，本书以其均值（82.5%）为最佳目标，即上下孔径比越接近 82.5% 越好。因此，综合效应的计算公式为

$$综合效应 = 真圆度 \times 60\%$$

$$+ \left(100\% - \left| \frac{上下孔径比 - 82.5\%}{82.5\%} \right| \times 100\% \right) \times 40\% \qquad (4\text{-}25)$$

影响因素：用 CO_2 激光钻孔装置钻盲孔时，影响盲孔的真圆度与上下孔径比的主要因素有脉冲能量、脉冲宽度、脉冲次数、光圈 (Mask)。四个因素的上下界以及步长列于表 4-10。其中，脉冲能量的范围为 $13.0 \sim 15.0$ mJ，步长为 0.2，初始值为 13.8 mJ；脉冲宽度的范围为 $12.0 \sim 14.0$ μs，长为 0.2，初始值为 13.2 μs；脉冲次数的范围为 $1.0 \sim 14.0$，步长为 1.0，初始值为 1.0；光圈直径 (Mask)的范围为 $1.6 \sim 5.4$ mm，步长为 0.1，初始值为 2.2 mm。

表 4-10　各个因素的上下界以及变化步长值

因素	上界	下界	步长	初始值
脉冲能量 (mJ)	15.0	13.0	0.2	13.8
脉冲宽度 (μs)	14.0	12.0	0.2	13.2
脉冲次数	14.0	1.0	1.0	1.0
光圈直径 (mm)	5.4	1.6	0.1	2.2

初始单纯形构成：采用表 4-9 的四因素均匀表 $U_5(5^4)$，构建表 4-11 的初始单纯形，用于钻孔参数的优化。

表 4-11　初始单纯形各顶点的坐标

顶点	因素			
	脉冲能量 (mJ)	脉宽 (μs)	脉冲次数	Mask (mm)
1	(1)13.8	(2)13.4	(3)3	(4)2.5
2	(2)14.0	(4)13.8	(1)1	(3)2.4
3	(3)14.2	(1)13.2	(4)4	(2)2.3
4	(4)14.4	(3)13.6	(2)2	(1)2.2
5	(5)14.6	(5)14.0	(5)5	(5)2.6

4.2.4 微盲孔制作参数的优化结果

表 4-12 为微盲孔制作参数的优化调优过程及结果。

表 4-12　调优试验结果

顶点	因素				真圆度	上下孔径比	综合效应值	保留顶点	计算方法
	脉宽 (μs)	脉冲能量(mJ)	脉冲次数	Mask (mm)					
1	13.4	13.8	3	2.5	91.87%	75.38%	91.66%		
2	13.8	14.0	1	2.4	92.79%	76.32%	92.67%		
3	13.2	14.2	4	2.3	94.53%	77.66%	94.37%		
4	13.6	14.4	2	2.2	96.69%	79.11%	96.37%		
5	14.0	14.6	5	2.6	98.93%	82.49%	99.35%		
6	13.8	14.8	3	2.2	99.32%	82.36%	99.52%	2,3,4,5	反射
7	14.0	15.0	3	2.2	97.26%	78.35%	96.34%	3,4,5,6	反射
8	13.9	14.7	3	2.2	99.33%	87.02%	97.38%	3,4,5,6	收缩

从表 4-12 中可以看出，在初始的五个顶点中，顶点 1 的综合效应为 91.66%，是这五个顶点中综合效应最差的点。因此通过式（4-19）计算出其对称点并作为新的顶点 6，且舍弃顶点 1。顶点 6 与顶点 2～5 构成新的单纯形，再根据所得到的综合效应，新顶点 6 最好，依次进行单纯形推进。当推进到顶点 7 的时候，得到的综合效应值为 96.34%。与综合效应值为 96.37%的次坏点 4 相比，顶点 7 的综合效应值差，因此需要在顶点 7 的基础上进行单纯形收缩处理，选择收缩系数 a=0.5 并带入式（4-19），得到顶点 8 的坐标。顶点 8 的目标函数值为 97.38%，比顶点 6 的目标函数值差。顶点 6 的目标函数值为 99.52%，是目前最好的点。此时需要检验顶点 6 是否能够满足收敛精度，由式（4-24）得到顶点 6 的收敛精度：

$$\left|\frac{99.52\% - 96.34\%}{99.52\%}\right| \times 100\% = 3.19\% \tag{4-26}$$

由公式（2-26）的结果可以看出，3.19% < 3.5%，说明顶点 6 的收敛精度满足单纯形收敛准则，因此顶点 6 即为最优顶点，也就是顶点 6 对应的试验参数是最佳的 CO_2 激光钻孔参数。试验到此即可停止。

由上述调优过程和结果分析，微盲孔制作的最佳工艺参数：脉宽为 13.8 μs，脉冲能量为 14.8 mJ，脉冲次数为 2，Mask 为 2.2 mm。

4.2.5　技术应用案例

采用上述最佳工艺参数制作微盲孔，分别测试真圆度和上下孔径比，见表 4-13 所列。

表 4-13　验证试验结果

试验组号	1	2	3	4	5	X
真圆度	99.31%	99.25%	99.18%	99.45%	99.40%	99.20%
上下孔径比	82.49%	82.36%	82.46%	82.40%	82.16%	82.16%
综合效应值	99.58%	99.48%	99.49%	99.62%	99.48%	99.36%

使用相对标准偏差 (RSD) 验证其精准度，其相对标准偏差的计算公式如式（4-27）和式（2-28）所示。

$$S = \sqrt{\frac{\sum_{i=1}^{n}(x_i - \overline{x})^2}{n-1}} = \sqrt{\frac{(x_1 - \overline{x})^2 + (x_2 - \overline{x})^2 + \cdots + (x_n - \overline{x})^2}{n-1}} \quad (4\text{-}27)$$

$$RSD = \frac{S}{X} \times 100\% \quad (4\text{-}28)$$

通过公式计算得到的综合效应值的相对标准偏差 RSD 为 0.09%，说明分析结果的精密度较高，其参数应用于快压覆盖膜工艺非常可靠。图 4-9 为激光制作的盲孔的切面金相显微镜图。图 4-10 为微盲孔化学镀铜的金相显微镜图，其微孔采用最佳工艺参数制作。从图 4-10 中可以清楚地看到，铜均匀地沉积在盲孔的孔壁，说明孔型镀铜良好，能够为后续的孔清洗以及金属化提供可靠的保证。

图 4-9　盲孔的切面金相显微镜图（*A* 为真圆度，*B* 为上下孔径）

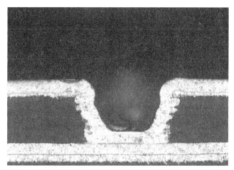

图 4-10　微盲孔化学镀铜的金相显微镜图

（工艺参数：脉宽为 13.8 μs，脉冲能量为 14.8 mJ，脉冲次数为 2，Mask 为 2.2 mm）

第五章

均匀设计法及应用

5.1　优化模型设计

均匀性原则是试验设计优化的重要原则之一。均匀设计法是我国数学家利用数论在多维数值积分中的应用原理构造均匀设计表来进行均匀试验设计的科学方法。本章介绍均匀设计法的基本思想与实际应用，并举例说明均匀设计法用于优化试验中的具体实施方法。

5.1.1　正交设计与均匀设计

田口玄一的正交试验设计对我国试验设计的普及和广泛应用有巨大的影响。前面章节已经详细介绍了如何用正交试验设计来选择分析条件和构造回归方程。20 世纪 70 年代，我国许多统计学家深入工厂、科研单位，深入浅出地介绍正交试验设计，帮助工程技术人员进行试验的安排和数据分析，获得了一大批优秀成果，出版了许多成果汇编，举办了不少成果展览会。正交试验设计利用均衡分散性和整齐可比性，从全面试验中选出部分点进行试验，简单比较因素的各水平试验指标的平均值，估计各因素的效应，减小了试验工作量和计算工作量，而仍能得到基本上反映全面情况的试验结果，是一种优越性很大的试验设计方法。

在广泛使用正交试验设计等试验设计方法的趋势中，必然会出现一些新的问题。这些问题用原有的各种试验设计方法不能圆满地解决，特别是当试验的范围较大，试验因素需要考察较多水平时，用正交试验设计及其他流行的试验方法需要做较多的试验，常使得试验者望而生畏。因为当试验中的因素数或其水平数较多时，正交试验设计及其他试验设计方法的次数还是很多的。若在一项试验中有 s 个因素，每个因素各有 q 个水平，用正交试验设计做试验，则至少要做 q^2 个试验，当 q 较大时，将做更多的试验，可能使试验难以进行。例如，当 $q = 12$ 时，$q^2 = 144$，对于大多数实际问题，试验次数太多了！对于这一类试验，均匀设计是非常有用的。要求至少做

q^2 次试验的正交设计是为了保证"整齐可比"的特点，若要减少试验的数目，就只有去掉整齐可比的要求。均匀设计法与正交设计法的不同之处也就在于，不再考虑"整齐可比"性，只考虑试验点在试验范围内充分分散，这样就可以从全面试验中挑选更少的试验点并作为代表进行试验，由此得到的结果仍能反映分析体系的主要特征。这种从均匀性出发的试验设计方法，称为均匀设计法。

均匀设计的数学原理是数论中的一致分布理论，此方法借鉴了"近似分析中的数论方法"这一领域的研究成果，将数论和多元统计相结合，是数论方法中的"伪蒙特卡罗方法"的一个应用。均匀设计只考虑试验点在试验范围内均匀散布，挑选试验代表点的出发点是"均匀分散"，而不考虑"整齐可比"，它可保证试验点具有均匀分布的统计特性，可使每个因素的每个水平做一次且仅做一次试验，任两个因素的试验点在平面的格子上，每行每列有且仅有一个试验点。它着重在试验范围内考虑试验点均匀散布，以求通过最少的试验来获得最多的信息，因而其试验次数比正交设计明显减少，使均匀设计特别适合于多因素、多水平的试验和系统模型完全未知的情况。例如，当试验中有 m 个因素，每个因素有 n 个水平时，如果进行全面试验，共有 nm 种组合，正交设计是从这些组合中挑选出 n^2 个试验，而均匀设计是利用数论中的一致分布理论选取 n 个点试验，并且应用数论方法使试验点在积分范围内散布得十分均匀，并使分布点离被积函数的各种值充分接近，因此便于计算机统计建模。例如，某项试验的影响因素有 5 个，水平数为 10 个，则全面试验次数为 10^5 次，即做 10 万次试验；正交设计是做 10^2 次，即做 100 次试验；而均匀设计只做 10 次，可见其优越性非常突出。

事实上，在均匀设计出现以前，正交设计已经在工农业生产中广泛应用，并取得良好效果。目前均匀设计亦已成为与正交设计同样流行的试验设计方法之一，人们自然而然地会拿正交设计与均匀设计相比较。它们各有所长，相互补充，给使用者提供了更多的选择。下面讨论二者各自的特点。

正交设计具有正交性。如果试验用正交设计，可以估计出因素的主效应，有时也能估出它们的交互效应。均匀设计是非正交设计，不可能估计出方差分析模型中的主效应和交互效应，但是可以估出回归模型中因素的主效应和交互效应。

正交设计用于水平数不高的试验，因为它的试验数至少为水平数的平方。若一项试验有 5 个因素，每个因素取 31 个水平，其全部组合有 $31^5 = 28\,625\,151$ 个。若用正交设计，则至少需要做 $31^2 = 961$ 次试验，而用均匀设计只需 31 次，所以均匀设计适合于多因素、多水平试验。

均匀设计提供的均匀设计表在选用时有较高的灵活性。例如，一项试验若每个因素取 4 个水平，用 $L_{16}(4^5)$ 来安排，只需做 16 次试验；若改为 5 水平，则需用 $L_{25}(5^6)$ 表，做 25 次试验。对工业试验来讲，从 16 次到 25 次，工作量有显著的不同。又如在一项试验中，原计划用均匀设计 $U_{13}^*(13^5)$ 来安排 5 个因素，每个因素有 13 个水平，后来由于某种需要，每个因素改为 14 个水平，这时可用 $U_{14}^*(14^5)$ 来安排，试验次数只需增加一次。由于试验次数随水平增加这个性质，有人称均匀设计有"连续性"，并称正交设计有"跳跃性"。

正交设计的数据分析程式简单，有一个计算器就可以了，且"直观分析"可以给出试验指标 Y 随每个因素的水平变化的规律。均匀设计的数据要用回归分析来处理，有时需用逐步回归等筛选变量的技巧，往往必须采用统计分析软件。但是也必须意识到，采用统计分析软件来进行试验设计可以极大地减少工作量，给试验分析带来便利并可以提高准确性，因而统计分析软件的应用也是试验设计的重要内容。

下面对两种设计的均匀性做一比较。可以通过线性变换将一个均匀设计表 $U_n(t^q)$ 的元素变到 $(0, 1)$ 中，它的 n 行对应于 C^m 中的 n 点；用类似的方法，也可以将 $I_n(S^m)$ 表变换为 C^m 中的 n 点。这两个点集的偏差可以衡量它们的均匀性或代表性。要合理地比较两种设计的均匀性并不容易，因为很难找到两个设计有相同的试验数和相同的水平数，一个来自正交设计，另一个来自均匀设计。由于这种困难，从以下三个角度来比较二者的均匀性。

1. 试验数相同时的偏差的比较

表 5-1 给出当因素数 $s = 2，3，4$ 时两种试验的偏差比较。其中，"UD"为均匀设计，"OD"为正交设计。

例如，当 $s = 2$ 时，若用 $L_8(2^7)$ 来安排试验，则其偏差为 0.4375；若用表 $U_8^*(8^8)$，则偏差最好时要达 0.1445。显然后者比前者的均匀性要好得多。值得注意的是，在比较中没有全部使用 U^* 表，如果全部使用 U^* 表，则其均匀设计的偏差会进一步减小。这种比较方法对正交设计是不公平的，因为当试验数给定时，水平数减少，则偏差会增大。所以在这种比较方法下，正交设计明显吃亏。过去许多正交设计的书籍会强烈地推荐用二水平的正交表，从偏差的角度来看，这种观点是错误的。

表 5-1　试验数相同时两种设计的偏差

OD & UD	$s = 2$	$s = 3$	$s = 4$	$s = 5$
$L_8(2^7)$	0.4375	0.5781	0.6836	
$U_8^*(8^8)$	0.1445	0.2000	0.2709	
$L_9(3^4)$	0.3056	0.4213	0.5177	
$U_9(9^5)$	0.1944	0.3102	0.4066	
$L_{12}(2^{11})$	0.4375	0.5781	0.6838	0.7627
$U_{12}^*(12^{10})$	0.1163	0.1838	0.2233	0.2272
$L_{16}(2^5)$	0.4375	0.5781	0.6836	0.7627
$U_{16}^*(16^{12})$	0.0908	0.1262	0.1705	0.2070
$L_{16}(4^5)$	0.2344	0.3301	0.4138	0.4871
$U_{16}^*(16^{12})$	0.0908	0.1262	0.1705	0.2070
$L_{25}(5^6)$	0.1900	0.2710	0.3439	0.4095
$U_{25}(25^9)$	0.0764	0.1294	0.1793	0.2261
$L_{27}(3^{13})$	0.3056	0.4213	0.5177	0.5981
$U_{27}(27^{11})$	0.0710	0.1205	0.1673	0.2115

（续表）

OD&UD	$s=2$	$s=3$	$s=4$	$s=5$
$L_8(4\times2^4)$ $U_8(8\times4)$ $U_8(8\times4\times4)$	0.3438 0.1797	0.5078 0.2822	0.6309	

2. 水平数相同时偏差的比较

表 5-2 给出了两种设计水平数相同，但试验数不同的比较。其中，当均匀设计法的试验数为 n 时，相应正交设计法的试验数为 n^2。例如，$U_6^*(6^2)$ 的偏差为 0.187 5，而 $L_{36}(6^2)$ 的偏差为 0.159 7，两者的差别并不是很大。所以，用 $U_6^*(6^2)$ 安排的试验效果虽然比不上 $L_{36}(6^2)$，但是并不会太差，而试验次数却少了 6 倍。

表 5-2　水平数相同时两种设计的偏差

OD	D	UD	D
$L_{36}(6^2)$	0.1597	$U_6^*(6^2)$	0.1875
$L_{49}(7^2)$	0.1378	$U_7^*(7^2)$	0.1582
$L_{64}(8^2)$	0.1211	$U_8^*(8^2)$	0.1445
$L_{81}(9^2)$	0.1080	$U_9^*(9^2)$	0.1574
$L_{100}(10^2)$	0.0975	$U_{10}^*(10^2)$	0.1125
$I_{121}(11^2)$	0.0888	$U_{11}^*(11^2)$	0.1136
$L_{144}(12^2)$	0.0816	$U_{12}^*(12^2)$	0.1163
$L_{169}(13^2)$	0.0754	$U_{13}^*(13^2)$	0.0962
$L_{225}(15^2)$	0.0656	$U_{15}^*(15^2)$	0.0833
$L_{324}(18^2)$	0.0548	$U_{18}^*(18^2)$	0.0779

3. 偏差相近时试验次数的比较

前面提到 $U_6^*(6^2)$ 比不上 $L_{36}(6^2)$，如果让试验次数适当增加，使相应的

偏差与 $L_{36}(6^2)$ 的偏差相接近。例如，$U_8^*(8^2)$ 的偏差为 0.1445，比 $L_{36}(6^2)$ 的偏差略好，但试验次数可省 $36 / 8 = 4.5$ 倍。表 5-3 给出了多种情形的比较及其可节省的试验倍数。

表 5-3　水平数相近时两种设计的比较

OD	D	UD	D	#OD / #UD
$L_{36}(6^2)$	0.1597	$U_8^*(8^2)$	0.1445	4.5
$L_{49}(7^2)$	0.1378	$U_{10}^*(10^2)$	0.1125	4.9
$L_{64}(8^2)$	0.1211	$U_{10}^*(10^2)$	0.1125	6.4
$L_{81}(9^2)$	0.1080	$U_{13}^*(13^2)$	0.0962	6.2
$L_{100}(10^2)$	0.0975	$U_{13}^*(13^2)$	0.0962	7.7
$L_{121}(11^2)$	0.0888	$U_{15}^*(15^2)$	0.0833	8.1
$L_{144}(12^2)$	0.0816	$U_{18}^*(18^2)$	0.0779	8.0
$L_{169}(13^2)$	0.0754	$U_{19}^*(19^2)$	0.0755	8.9
$L_{225}(15^2)$	0.0656	$U_{23}^*(23^2)$	0.0638	9.8
$L_{324}(18^2)$	0.0548	$U_{28}^*(28^2)$	0.0545	11.6

通过上述三种角度的比较可以发现，如果用偏差作为均匀性的度量，均匀设计明显地优于正交设计，并可节省四至十几倍的试验。

通过与正交设计进行均匀性、最优性的比较，可以总结如下。

（1）在试验数相同的情况下，均匀设计的均匀性比正交设计好得多。在大多数情况下，特别是模型比较复杂时，均匀设计的试验次数少、均匀性好，并对非线性模型有较好的估计。对于线性模型，均匀设计有较好的均匀性和较少的试验次数。

（2）水平数相同或偏差相近时，均匀设计的试验次数相对于正交设计有绝对优势。虽然均匀设计失去了正交设计的整齐可比性，但是在选点方面比正交设计具有更大的灵活性。也就是说，均匀设计更加注重均匀性，利用均匀设计的均匀分散性可以选到偏差更小的点；更重要的是，试验次数由 n^2 减少到 n。因此，均匀设计的试验次数随水平增加有"连续性"，而正交设计有"跳跃性"，从而均匀设计在实践中大大降低了成本，非常适合于多因素、多水平试验。研究表明，如果采用偏差作为均匀性的度量，均匀设计明显优于正交设计，并可节省 60% 以上的试验。

（3）正交设计的数据分析程式简单，且直观分析可以给出试验指标随每个水平变化的规律；均匀设计的数据可用回归分析、最优化和关联度分析等方法来处理，一般要用计算机。有时也可以根据优化原则从试验点中挑选一个最优指标，虽然粗糙但是非常有效，适合于缺少计算工具的情况。

均匀设计的这些特点使它适合于众多的实际应用领域，如化工、材料、医药、生物、食品、军事工程、电子和社会经济等。尽管正交设计历时较长并且应用甚广，但是目前也有不少学者认为，均匀设计在整体上是一种优于正交设计的新试验设计方法，因此均匀设计逐渐受到研究人员的重视和倡导。从有了该方法以来，经过 30 多年的发展和推广，均匀设计在国内得到了广泛应用，并获得了不少好的成果。这并不意味其他试验设计法不重要，每种方法都有其优点，也有其局限性，根据实际情况选取合适的方法是应用统计和试验设计的重要内容。

5.1.2　等水平均匀设计表

均匀设计是继 20 世纪 60 年代华罗庚教授倡导的优选法和我国数理统计学者在国内推广的正交设计之后，于 20 世纪 70 年代末应航天部第三研究院飞航导弹火控系统建立数学模型，并研究其诸多影响因素的需要，由中国科学院应用数学所方开泰教授和王元教授提出的一种试验设计方法。均匀设计是通过一套精心设计的表来进行试验设计的，对于每一个均匀设计表都有一个使用表，可指导如何从均匀设计表中选用适当的列来安排试验。均匀设计使用的表称为 U 表，是将数论方法用于试验设计构造而成的。其符号为

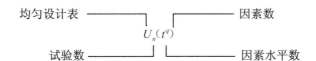

表 5-4 是 $U_{11}(11^{10})$均匀设计表，可安排 10 因素 11 水平的试验，共进行 11 次试验。

表 5-4　$U_{11}(11^{10})$ 均匀设计表

试验号	列号									
	1	2	3	4	5	6	7	8	9	10
1	1	2	3	4	5	6	7	8	9	10
2	2	4	6	8	10	1	3	5	7	9
3	3	6	9	1	4	7	10	2	5	8
4	4	8	1	5	9	2	6	10	3	7
5	5	10	4	9	3	8	2	7	1	6
6	6	1	7	2	8	3	9	4	10	5
7	7	3	10	6	2	9	5	1	8	4
8	8	5	2	10	7	4	1	9	6	3
9	9	7	5	3	1	10	8	6	4	2
10	10	9	8	7	6	5	4	3	2	1
11	11	11	11	11	11	11	11	11	11	11

一般均匀设计表可用 $U_n(t^q)$ 或 $U_n^*(t^q)$ 表示，代号 U 右上角加 "*" 和不加 "*" 代表两种不同的均匀设计表，通常加 "*" 的均匀设计表具有更好的均匀性，应优先选用。

表 5-5（a）和（b）分别为均匀表 $U_7(7^4)$ 和 $U_7^*(7^4)$，可以看出它们都有 7 行 4 列，每个因素都有 7 个水平，但在选用时应该首选 $U_7^*(7^4)$。

表 5-5　均匀设计表

（a）$U_7(7^4)$

试验号	列号			
	1	2	3	4
1	1	2	3	6
2	2	4	6	5
3	3	6	2	4
4	4	1	5	3
5	5	3	1	2
6	6	5	4	1
7	7	7	7	7

（b）$U_7^*(7^4)$

试验号	列号			
	1	2	3	4
1	1	3	5	7
2	2	6	2	6
3	3	1	7	5
4	4	4	4	4
5	5	7	1	3
6	6	2	6	2
7	7	5	3	1

　　每个均匀设计表都附有一个使用表，表 5-6（a）和（b）分别为均匀表 $U_7(7^4)$ 和 $U_7^*(7^4)$ 的使用表。表 5-6（a）表明，若有 2 个因素，应选用 1，3 两列来安排试验；若有 3 个因素，应选用 1，2，3 三列，……，最后 1 列的 D 表示刻画均匀度的偏差 (discrepancy)，偏差值越小，表示均匀度越好。假设有 2 个因素，若选用 $U_7(7^4)$ 的 1，3 列，其偏差 $D = 0.2398$；选用 $U_7^*(7^4)$ 的 1，3 列，相应偏差 $D = 0.1582$，后者较小，应优先择用。

表 5-6　均匀设计表的使用表

（a）$U_7(7^4)$

因素数	列号				D
2	1	3			0.2398
3	1	2	3		0.3721
4	1	2	3	4	0.4760

（b）$U_7^*(7^4)$

因素数	列号				D
2	1	3			0.1582
3	2	3	4		0.2132
4	1	2	3	4	—

　　除直接应用均匀设计表的使用表来进行均匀设计外，还可以利用 DPS 试验设计软件来进行指定因素数和水平数的均匀设计。例如，目前的试验要求具有 3 个因素，每个因素 7 个水平，可以根据表 5-6（b）中 $U_7^*(7^4)$ 的

使用表，利用表 5-5（b）中 2，3，4 列来安排试验，也可以利用 DPS 试验设计软件来直接设计 $U_7^*(7^3)$ 均匀设计表。在利用 DPS 数据处理系统完成试验统计分析之前，首先将 DPS 数据处理系统软件安装在电脑上，其次利用以下步骤（如图 5-1～图 5-3 所示）来设计带"*"的均匀设计表。

图 5-1 在 DPS 数据处理系统中启用"均匀试验设计"命令

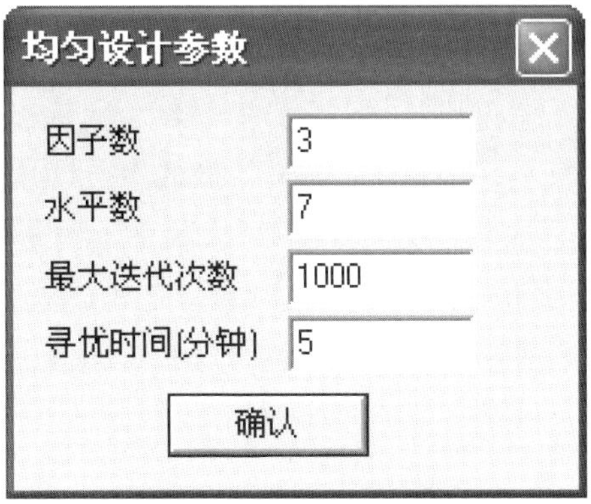

图 5-2 指定因子数和水平数

	A	B	C	D	E
1	计算结果	当前日期 2011-08-18			
2	以中心化偏差CD为指标的优化结果。				
3	运行时间 0分2秒.				
4	中心化偏差CD=		0.1194		
5	L2 – 偏差D=		0.0621		
6	修正偏差MD=		0.1397		
7	对称化偏差SD=		0.5006		
8	可卷偏差WD=		0.1883		
9	条 件 数 C=		1.6286		
10	D – 优良性=		0.0000		
11	A-优良性=	0.1116			
12					
13	均匀设计方案				
14	因子	x1	x2	x3	
15	N1	6	7	5	
16	N2	1	6	3	
17	N3	2	2	6	
18	N4	5	1	2	
19	N5	7	3	4	
20	N6	3	4	1	
21	N7	4	5	7	
22					

图 5-3 DPS 试验设计软件的输出结果

从图 5-3 的 DPS 试验设计软件的输出结果可以看到，其偏差 D 只有 0.1194，小于表 5-6（b）中的偏差值 0.2132，其优越性更好。采用这种方法获得的均匀设计表不需要使用表，因而使用起来更为简便。

使用试验次数为奇数的常用均匀设计表时，应根据水平数选用。例如，做 5 水平的试验，选 $U_5(5^4)$ 表；做 7 水平的试验；选用 $U_7(7^6)$ 表等。当水平数为偶数时，在比它大一的奇数表中划去最后一行即得。例如，$U_{10}(10^{10})$ 表是通过 $U_{11}(11^{10})$ 表划去最后一行得到的。利用 U 表安排的试验点是很均匀的，如对 2 因素 11 水平试验点的布置，可由 $U_{11}(11^{10})$ 表及其使用表来确定。布点情况如图 5-4 所示。在布点图中可以直观地看到，布点是均衡分散的。

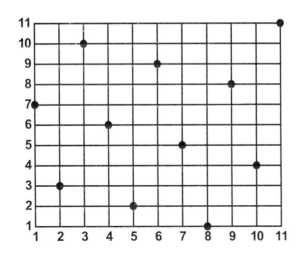

图 5-4　$U_{11}(11^{10})$ 均匀设计表两因素 1，7 列布点图

在正交设计表中，当考察某一因素各水平的效应时，其他因素出现在待考察因素各水平的机会是均等的，因此正交表中各列的地位是相等的，各因素安排在表中的任何一列都是允许的。均匀设计表则不同，表中的各列是不平等的，因素所应安排列的位置是不能随意变动的。当试验中的因素个数不同时，须根据因素的多少，依照该表的使用表来确定因素所应占有的列号。例如，做 2 因素 11 水平的试验，应选用 $U_{11}(11^{10})$，表中共有 10 列，现在有两个因素，根据 $U_{11}(11^{10})$ 的使用表，应取 1，7 列；当有 4 个因素时，应取 1，2，5，7 列。

均匀设计有其独特的布点方式，由表 5-5 和表 5-6 所列的均匀表及其使用表可以看出，均匀设计表主要有以下性质。

（1）每列的不同数字都只出现一次，也就是说，每个因素的每个水平做且仅做一次试验。

（2）任两个因素的试验点在平面的格子点上，每行每列有且仅有一个试验点。如表 5-4 的第 1 列和第 7 列的布点图 5-4 所示，每行每列只有一个试验点。性质（1）和（2）反映了试验安排的"均衡性"，即对各因素，每个因素的每个水平一视同仁。

（3）均匀设计表任两列组成的试验方案一般并不等价。例如，用 $U_{11}(11^{10})$ 的 1，7 和 1，2 列分别画图，得到图 5-4 和图 5-5。图 5-4 的点散布比较均匀，而图 5-5 的点散布并不均匀。均匀设计表的这一性质和正交表有很大的不同，因此，每个均匀设计表必须有一个附加的使用表。

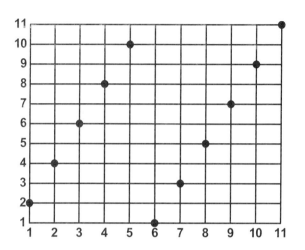

图 5-5　$U_{11}(11^{10})$ 均匀设计表两因素 1，2 列布点图

（4）当因素的水平数增加时，试验数按水平数的增加量而增加，试验次数与水平数是一致的。例如，当水平数从 9 水平增加到 10 水平时，试验数 n 也从 9 增加到 10，即试验次数的增加具有"连续性"。而正交设计的水平数增加时，试验数按水平数的平方的比例在增加。当水平数从 9 增加到 10 时，试验数将从 81 增加到 100，即试验次数增加具有"跳跃性"。由于这个突出的优点，均匀设计更便于使用。

5.1.3　混合水平均匀设计表

均匀设计表适用于因素水平数较多的试验，但在具体的试验中，往往很难保证不同因素的水平数相等，这样直接利用等水平的均匀表来安排试验就有一定的困难，因此在应用均匀设计时会面临许多新情况，需要灵活应用。不少应用均匀设计法的文献有许多巧妙的应用和建议，很值得参考。本书仅简单介绍采用拟水平法将等水平均匀表转化为混合水平均匀表的方法。

若在一个试验中，有两个因素 A 和 B 为 3 水平，一个因素 C 为 2 水平，这个试验就可以用正交表 $L_{18}(2×3^7)$ 来安排，这等价于全面试验，并且不可能找到比 L_{18} 更小的正交表来安排这个试验；若采用正交试验的拟水平法，则可以选用 $L_9(3^4)$ 正交表。是否可以用均匀设计来安排这个试验呢？直接运用是有困难的，这就要运用拟水平的方法。若选用均匀设计表 $U_6^*(6^6)$，则根据表的推荐用 1，2，3 前 3 列。若将 A 和 B 放在前两列，C 放在第 3 列，并将前两列的水平合并：$\{1，2\}→1$，$\{3，4\}→2$，$\{5，6\}→3$，同时将第 3 列水平合并为 2 水平：$\{1，2，3\}→1$，$\{4，5，6\}→2$，则得到拟水平设计表，见表 5-7 所列。拟水平设计表是一个混合水平的设计表，有很好的均衡性。例如，A 列和 C 列、B 列和 C 列的两因素设计正好组成它们的全面试验方案，A 列和 B 列的两因素设计中没有重复试验。

表 5-7　拟水平设计 $U_6(3^2×2^1)$

No.	A	B	C
1	(1)1	(2)1	(3)1
2	(2)1	(4)2	(6)2
3	(3)2	(6)3	(2)1
4	(4)2	(1)1	(5)2
5	(5)3	(3)2	(1)1
6	(6)3	(5)3	(3)2

可惜的是并不是每一次做拟水平设计都能这么好。例如，要安排一个 2 因素 (A, B) 5 水平和 1 因素 (C) 2 水平的试验。这项试验若用正交设计，可用正交表 L_{50}，但试验次数太多。若用均匀设计来安排，则可用 $U_{10}^*(10^{10})$，由使用表指示选用 1，5，7 三列。对于 1，5 列，采用水平合并，$\{1, 2\}→1$，…，$\{9, 10\}→5$；对于 7 列，采用水平合并，即 $\{1, 2, 3, 4, 5\}→1$，$\{6, 7, 8, 9, 10\}→2$，于是得到表 5-8 的方案。这个方案中的 A 和 C 两列，有两个 $(2, 2)$，但没有 $(2, 1)$；有两个 $(4, 1)$，但没有 $(4, 2)$，因此表 5-8 的均衡性不好。

表 5-8　拟水平设计 $U_{10}(5^2 \times 2^1)$

No.	A	B	C
1	(1)1	(5)3	(7)2
2	(2)1	(10)5	(3)1
3	(3)2	(4)2	(10)2
4	(4)2	(9)5	(6)2
5	(5)3	(3)2	(2)1
6	(6)3	(8)4	(9)2
7	(7)4	(2)1	(5)1
8	(8)4	(7)4	(1)1
9	(9)5	(1)1	(8)2
10	(10)5	(6)3	(4)1

　　若选用 1，2，5 三列，则用同样的拟水平技术，便可获得表 5-9，可以发现它有较好的均衡性。由于 $U_{10}^*(10^{10})$ 表有 10 列，希望从中选择三列，由该三列生成的混合水平表既有好的均衡性，又使偏差尽可能地小。经过计算发现，表 5-9 给出的表具有 0.3925 的偏差，达到了最小。

表 5-9　拟水平设计 $U_{10}(5^2 \times 2^1)$

No.	A	B	C
1	(1)1	(2)1	(5)1
2	(2)1	(4)2	(10)2
3	(3)2	(6)3	(4)1
4	(4)2	(8)4	(9)2
5	(5)3	(10)5	(3)1
6	(6)3	(1)1	(8)2
7	(7)4	(3)2	(2)1
8	(8)4	(5)3	(7)2

（续表）

No.	A	B	C
9	(9)5	(7)4	(1)1
10	(10)5	(9)5	(6)2

可见，在混合水平均匀表的任一列上，不同水平出现的次数是相同的，但与等水平表的"每列不同数字都只出现一次"不同，其出现的次数可以为 1，也可以大于 1，所以试验次数与各因素的水平数一般不一致。

更值得注意的是，对同一个等水平均匀表进行拟水平设计，可以得到不同的混合水平表。这些表的均衡性也不相同，且参照使用表得到的混合均匀表不一定都有较好的均衡性。也可以利用 DPS 试验设计软件通过以下步骤（如图 5-6～图 5-9 所示）来直接设计混合水平均匀设计表。以设计 U_{12} $(12^1 \times 6^1 \times 4^1 \times 3^2)$ 为例，注意此处的试验次数 12 为各因子水平数的最小公倍数，也可以是该最小公倍数的倍数。

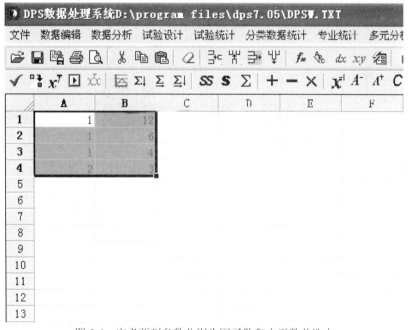

图 5-6　定义两列参数分别为因子数和水平数并选中

图 5-7 选择均匀设计命令

图 5-8 定义试验次数

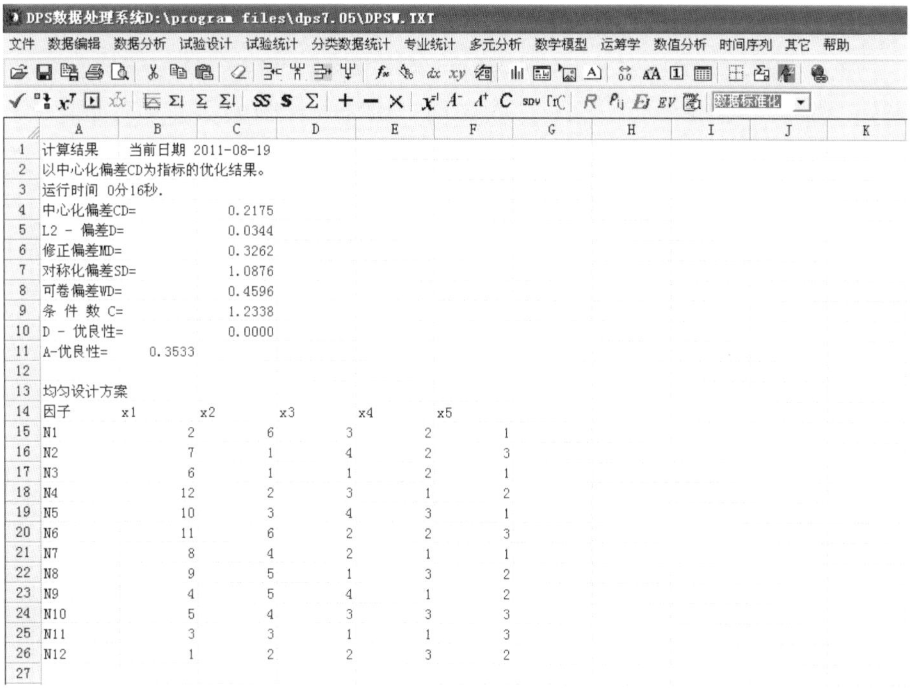

	A	B	C	D	E	F
1	计算结果	当前日期 2011-08-19				
2	以中心化偏差CD为指标的优化结果。					
3	运行时间 0分16秒.					
4	中心化偏差CD=		0.2175			
5	L2 - 偏差D=		0.0344			
6	修正偏差MD=		0.3262			
7	对称化偏差SD=		1.0876			
8	可卷偏差WD=		0.4596			
9	条 件 数 C=		1.2338			
10	D - 优良性=		0.0000			
11	A-优良性=	0.3533				
12						
13	均匀设计方案					
14	因子	x1	x2	x3	x4	x5
15	N1	2	6	3	2	1
16	N2	7	1	4	2	3
17	N3	6	1	1	2	1
18	N4	12	2	3	1	2
19	N5	10	3	4	3	1
20	N6	11	6	2	2	3
21	N7	8	4	2	1	1
22	N8	9	5	1	3	2
23	N9	4	5	4	1	2
24	N10	5	4	3	3	3
25	N11	3	3	1	1	3
26	N12	1	2	2	3	2
27						

图 5-9　混合水平均匀设计表 $U_{12}(12^1\times6^1\times4^1\times3^2)$ 的最终结果

5.1.4　均匀设计的基本步骤

用均匀设计表来安排试验与正交设计的步骤有相似之处，但也有一些不同之处。其一般步骤如下。

（1）明确试验目的，确定试验指标。如果试验要考察多个指标，则要将各指标进行综合分析。

（2）选因素。根据实际经验和专业知识，挑选出对试验指标影响较大的因素。

（3）确定因素的水平。结合试验条件和以往的实践经验，先确定因素的取值范围，再在这个范围内取适当的水平。由于 U_t 奇数表的最后一行各因素的最大水平号相遇，同时如果各因素的水平序号与水平实际数值的大小顺序一致，则会出现所有因素的高水平或低水平相遇的情形。如果是化学反应，则可能出现因反应太剧烈而无法控制的现象，或者反应太慢得不到试验结果。为了避免这些情况，可以随机排列因素的水平序号，另外使

用 U^* 均匀表也可以避免上述情况。

（4）选择均匀设计表。这是均匀设计关键的一步，一般根据试验的因素数和水平数来选择，并首选 U^* 表。由于均匀设计的试验结果多采用多元回归分析法，在选表时还应注意均匀表的试验次数与回归分析的关系。

（5）进行表头设计。根据试验的因素数和该均匀表对应的使用表，将各因素安排在均匀表相应的列中，如果是混合水平的均匀表，则可省去表头设计这一步。需要指出的是，均匀表中的空列，既不能安排交互作用，也不能用来估计试验误差，所以在分析试验结果时不用列出。

（6）明确试验方案，进行试验。试验方案的确定与正交设计类似。

（7）试验结果统计分析。由于均匀表没有整齐可比性，试验结果不能用方差分析法，可以采用直观分析法和回归分析法。

①直观分析法：如果试验目的只是为了寻找一个可行的试验方案或确定适宜的试验范围，就可以采用此法，直接对所得到的几个试验结果进行比较，从中挑出试验指标最好的试验点。由于均匀设计的试验点分布均匀，用上述方法找到的试验点一般距离最佳试验点也不会很远，所以该法是一种非常有效的方法。

②回归分析法：均匀设计的回归分析一般为多元回归分析，计算量很大，一般需要借助相关的计算机软件来进行，此部分参见本书第 6 章的相关内容。下面将简单介绍回归分析法的基本原理。

5.1.5　试验结果的回归分析法

由于均匀设计的结果没有整齐可比性，分析结果不能采用一般的方差分析法，通常采用多元回归分析或逐步回归分析的方法，找出描述多个因素 $(x_1, x_2, \cdots, x_m)$ 与响应值 (y) 之间统计关系的回归方程：

$$y = b_0 + b_1 x_1 + b_2 x_2 + \cdots + b_m x_m \tag{5-1}$$

回归方程的系数采用最小二乘法求得，把均匀设计试验所得的结果列入式（5-2）～式（5-7）中，即可求得 $b_1, b_2, \cdots, b_m$。

令 x_{ik} 表示因素 x_i 在第 k 次试验时取的值，y_k 表示响应值 y 在第 k 次试验的结果，计算：

$$l_{ij} = \sum_{k=1}^{n}\left(x_{ik} - \overline{x_i}\right)\left(x_{jk} - \overline{x_j}\right) \quad i,j = 1,2,\cdots,m \tag{5-2}$$

$$l_{iy} = \sum_{k=1}^{n}\left(x_{ik} - \overline{x_i}\right)\left(y_k - \overline{y}\right) \quad i,j = 1,2,\cdots,m \tag{5-3}$$

$$l_{yy} = \sum_{k=1}^{n}\left(y_k - \overline{y}\right)^2 \tag{5-4}$$

$$\overline{x_i} = \frac{1}{N}\sum_{k=1}^{n}x_{ik} \quad i = 1,2,\cdots,m \tag{5-5}$$

$$\overline{y} = \frac{1}{N}\sum_{k=1}^{n}y_k \tag{5-6}$$

回归方程系数由下列正规方程组决定：

$$\begin{aligned}
&l_{11}b_1 + l_{12}b_2 + \cdots + l_{1m}b_m = l_{1y} \\
&l_{21}b_1 + l_{22}b_2 + \cdots + l_{2m}b_m = l_{2y} \\
&\qquad\qquad \cdots\cdots \\
&l_{m1}b_1 + l_{m2}b_2 + \cdots + l_{mm}b_m = l_{my} \\
&b_0 = \overline{y} - \sum_{i=1}^{m}b_i\overline{y_i}
\end{aligned} \tag{5-7}$$

当各因素与响应值关系是非线性关系时，或存在因素的交互作用时，可采用多项式回归的方法，例如，各因素与响应值均为二次关系的回归方程为

$$y = b_0 + \sum_{i=1}^{m}b_i x_i + \sum_{\substack{i=1 \\ j\geq 1}}^{T}b_{ij}x_i x_j + \sum_{i=1}^{m}b_{ii}x_i^2 \quad T = C_m^2 \tag{5-8}$$

式中，$x_i x_j$ 项反映因素间的交互效应，x_i^2 项反映因素二次项的影响。

通过变量代换式（5-8）可化为多元线性方程求解，即令

$$x_l = x_i x_j \quad j = 1, 2, \cdots, m; \; j \geqslant i \tag{5-9}$$

式（5-8）可以化为

$$y = b_0 + \sum_{i=1}^{2m+T} b_i x_i \quad T = C_m^2 \tag{5-10}$$

在这种情况下，为了求得二次项和交互作用项，不能选用试验次数等于因素数的均匀设计表，而必须选用试验次数大于或等于回归方程系数总数的 U 表了。如 3 因素的试验，若各因素与响应值的关系均为线性，则可选用试验次数为 5 次的 $U_5(5^4)$ 表安排试验。若各因素与响应值的关系为二次多项式，则回归方程的系数为 $2m + C_m^2$ 个。其中，一次项及二次项均为 m 个，交互作用项为 C_m^2 个。所以，回归方程的系数共 9 个（常数项不计在内），就必须选用 $U_9(9^6)$ 表或试验次数更多的表来安排试验。由此可见，因素的多少及因素方次的大小直接影响实际工作量。为了尽可能减少试验次数，在安排试验之前，应该用专业知识判断一下各因素对响应值的影响大致如何，各因素之间是否有交互影响，删去影响不显著的因素或影响小的交互作用项及二次项，以便减少回归方程的项数，从而减少试验的工作量。

根据拟定的回归方程项数，如果决定采用 U 表，就需要安排因素水平表。有的因素可以采用拟水平的方法安排试验，即将某些重要的水平值重复填入表中，可能不需要设置表中规定的水平。

在几何上，回归方程可看成 $m+1$ 维的曲面，其中，$1, 2, \cdots, m$ 维对应代表各因素的变量 $x_1, x_2, \cdots, x_m$，第 $m+1$ 维对应表示响应值的变量 y。例如，图 5-10 即为两因素的响应曲面，响应曲面中最高处对应的各因素水平即为欲求的最佳条件。

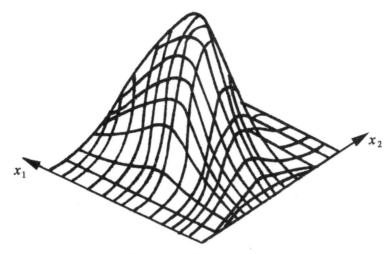

图 5-10 两因素的响应曲面

求响应面极值可采用多种优化方法，如逐步登高法、最速上升法、单纯形法等。这一过程用手工计算是很麻烦的，但是由计算机来完成则非常便捷。所以，如果具备必要的计算手段，均匀设计法就是一种十分简便易行的方法，可以大大节省人力、物力和时间。

如果没有计算手段，不妨直接分析试验结果。由于均匀设计水平数取得多，水平间隔较小，试验点均匀分布，所以试验点中响应值最佳的点对应的试验条件离全面试验的最优条件不会相差太远。在进行零星试样的快速分析时，特别是没有现成的分析条件时，可以把均匀设计中最优点的条件作为欲选的试验条件。

5.2　均匀设计法在层间压合优化中的应用

刚挠结合板在经过了几十年的快速发展，窗口制作仍然是其最关键的环节。目前窗口制作方法也是多种多样的。当然，主要的生产方法有预先开窗法、填充法、控深铣法、激光切割法。

预先开窗法是指在刚挠结合板的制作之前，需要预先对覆盖膜、外层刚性板、黏结胶膜等所需材料进行开窗处理，其处理方式可以为冲切、铣切、激光切割等方式，再通过压合形成露出挠性区域的刚挠结合板。其制作后的结构如图 5-11 所示。

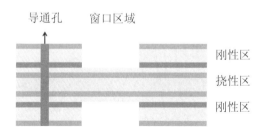

图 5-11　预先开窗法结构示意图

填充法的前处理和预先开窗法相似，同样需要对窗口区域对应的刚性板和黏结胶膜进行开窗处理。不同的是，在压合之前，先需要用与窗口区域同样大小的填充物进行填充处理，以保持板面的平整性，其中，填充物必须满足耐高温、热膨胀系数与刚挠结合板材料相似等条件，如玻纤环氧树脂等。再通过切掉外层窗口区域刚性板或者蚀刻去除外层铜箔，以取出填充物。其制作流程如图 5-12 所示。

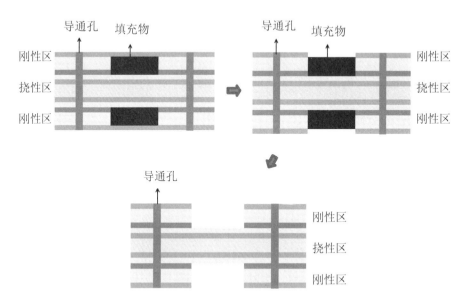

图 5-12　填充法制作流程图

　　控深铣法指通过深度控制技术（机械铣、激光烧蚀、V-Cut 等）先对外层刚性板进行盲切，从而形成盲槽，在完成压合和图形转移等工序后，再将开窗区域的刚性板去掉，即完成刚挠结合板的制作。这种技术必须根据不同刚性的层板厚度来调整盲槽深度。一般盲槽深度为外层刚性板的 $1/3 \sim 2/3$，其制作的结构如图 5-13 所示。

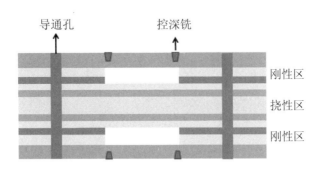

图 5-13　控深铣加工示意图

　　激光切割法是在压合前不需要对窗口区域的外层材料进行处理，经过对外层刚性板进行图形转移、阻焊和表面处理后，然后根据不同刚性板的板厚调整激光参数，对其弯折区域进行开窗处理，但是不能切过内层挠性板。因此，深度的控制显得尤为重要。相比前面的加工方法，激光切割法的流程大大减少。

　　由此可见，刚挠结合板窗口制作的方式是多种多样。对比以上几种方法，预先开窗法的生产流程相对简单，制作成本低，此法只能制作开窗区域挠性层不含金手指等裸露铜层的刚挠结合板；填充法可以有效保持板面的平整性，适合制作挠性层较薄、开窗面积较大的产品，但是填入和取出填充物无疑增加了制作流程，且填充材料与板面的膨胀系数不一致可能降低整板的可靠性；激光切割法极大地减少了制作流程，且生产周期短。因此，精细度高和定位准确的激光加工特别适合制作窗口结构复杂的刚挠结合板。

　　UV 激光切割技术的原理是使用激光照射在覆盖膜表面，使其材料表面迅速吸收激光能量，能够直接熔化和蒸发掉多余的覆盖膜材料，以完成开窗处理。这种方法只需要将 CAD 数据经过 CAM 处理后，导入系统即可，可制作复杂的开窗图形。该方法具有工艺流程简单、生产灵活和效率高的优势。

目前，UV 激光加工覆盖膜的作用机理比较复杂，作为高分子的聚酰亚胺材料，其加工机理普遍认为是冷加工方式。因为 C—C 的键能和 C—N 的键能分别为 3.45 eV 和 3.17 eV，而光子能量为 3.5～7.5 eV 的 UV 激光大于聚酰亚胺中 C—C 的键能和 C—N 的键能。当 UV 激光照射材料表面时，可以利用光子的能量直接打断聚酰亚胺的化学键，而对材料切割部分的周围区域没有热量传递，因此被称为冷加工。这种加工方式不仅提高了切割精度和准度，而且加工后的覆盖膜边缘无毛刺，截面更加光滑。

其加工特点有以下几点：

①激光加工提高了精度高、无接触的切割方式；

②加工后不会因为应力而变形；

③热影响区域 (HAZ) 小；

④可加工复杂的开窗图形；

⑤可随时更改开窗图形，更加灵活。

覆盖膜贴合就是首先将开窗处理后的覆盖膜的离型膜去掉，贴合在经过图形转移后的挠性板上（贴合之前需要对挠性板线路的表面进行清洗，为除去板面的氧化层和污渍，清洗可以选择等离子清洗或者化学清洗）；然后利用定位线或孔使窗口覆盖膜与挠性板的板面进行准确地对位叠构，在微小孔位置可以使用放大镜辅助定位，以保证贴合的精准度；最后使用高温电烙铁将其固定。其叠层结构如图 5-14 所示。

覆盖膜
铜箔
基材
覆盖膜

图 5-14　覆盖膜贴合结构图

快压覆盖膜是指将贴合好的覆盖膜进行加热加压，使其覆盖膜的黏结剂与板面线路黏结的过程。为了保证挠性板层压后具有较高的可靠性，在快压过程中，必须让黏结剂能完全填充在线路之间，以使得覆盖膜与板面之间形成紧密黏结。压合中常见的加工方式有热油管道加热和电加热方式。目前，挠性板快压大多数采用电加热。在贴合后，已贴合的覆盖膜待快压的挠性板其存放时间不可超过 12 小时，且暂存环境必须与覆膜室地存放环境条件一致。其快压机和控制台如图 5-15 所示。

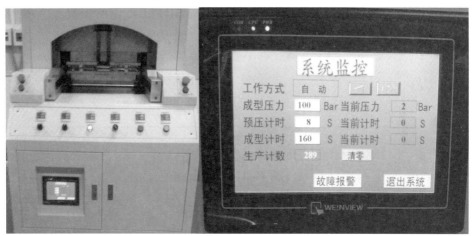

图 5-15　快压机和控制台

5.2.1　均匀优化试验因素的选择

决定快压覆盖膜的成型效果的因素有很多，包括覆盖膜胶层厚度与线路铜箔厚度比例、线路间距以及快压参数等。根据大量试验表明，在其他参数相同条件下，当胶层厚度／线路铜箔厚度≥0.7 时，其压合后层与层之间的效果较好。因此，本试验通过研究较小的胶层厚度与线路铜箔的厚度比例，以期使用参数优化达到最优的快压效果，为生产提供更多的材料选择。选用铜厚为 35 μm 的压延铜箔，经过减铜流程使其铜厚为 26 μm，再选择胶厚为 15 μm 的覆盖膜，此时胶层厚度与线路铜箔厚度比为 0.57。本试验选取线路间距为 0.2 mm 的平行线路来作为试验对象，对减铜后的双面挠性板进行清洗→贴膜→曝光→显影→蚀刻→退膜等工序。在快压覆盖膜过程中，主要研究四个主要参数，以达到最优的快压效果和提高生产效率。

采用剥离强度测试仪测试板面与覆盖膜之间的结合力。因为剥离强度是判断覆盖膜黏结强度的一个重要标准，即使形貌表现优良其结合力也不一定好，在热循环试验时出现覆盖膜起泡、分层等诸多不良问题。因此，如果板面与覆盖膜之间具有较高的结合力，说明覆盖膜快压效果较好，可靠性较高，则试验需要针对温度、成型时间、预压时间、快压压力对快压覆盖膜的影响进行优化探讨。

5.2.2 因素水平的选取

选取 $U_{13}(13^{12})$ 均匀设计表对快压温度、成型时间、预压时间、压力进行试验安排，且每个因素选择 12 个水平。其中，$U_{13}(13^{12})$ 均匀设计表见表 5-10 所列。

表 5-10 均匀设计 $U_{13}(13^{12})$

试验水平	压合温度（℃）	预压时间（s）	成型时间（s）	压力（kg/cm²）
1	170	5	90	60
2	174	6	92	65
3	178	7	94	70
4	182	8	96	75
5	184	9	98	80
6	188	10	100	85
7	192	11	102	90
8	194	12	104	95
9	196	13	106	100
10	200	14	108	105
11	204	15	110	110
12	208	16	112	115

5.2.3 试验操作步骤

首先，使用开料机裁切尺寸为 250 mm × 250 mm 的有胶挠性双面板 12 张，对挠性双面板进行编号（1～12），以及同等尺寸大小的覆盖膜 24 张，使用 UV 激光切割机对覆盖膜进行开窗处理，对板面铜层进行减薄处理；其次，经过图形转移制作出线宽 / 线距为 0.2 mm / 0.2 mm 的线路；再次，对已经制作线路图形的双面挠性板进行等离子清洗，以保持板面的洁净度，并贴合固定处理，根据均匀试验表安排的因素水平依次进行压合，完成后在 110 ℃条件下烘烤 1 h；最后，用剥离强度仪器测试其结合力，并对试验结果进行数据分析。其中，等离子清洗参数见表 5-11 所列。

表 5-11　等离子清洗参数表

CH$_4$ (cc/min)	O$_2$ (cc/min)	功率 (W)	温度 (℃)	时间 (min)
100	200	4500	40	30

快压覆盖膜的工艺流程，如图 5-16 所示。

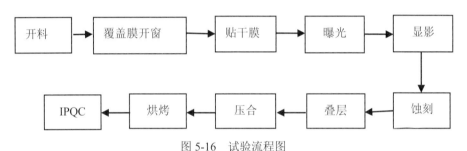

图 5-16　试验流程图

均匀试验设计的试验结果见表 5-12 所列。

表 5-12　$U_{13}(13^{12})$ 均匀试验设计的试验结果

组号	压合温度 (℃)	预压时间 (s)	成型时间 (s)	压力 (kg/cm^2)	结合力 (N/cm)
1	170	10	104	105	4.26
2	174	16	94	90	4.12
3	178	9	110	75	4.73
4	182	15	100	60	4.21
5	184	8	90	110	3.62
6	188	14	106	95	4.46
7	192	7	96	80	4.69

（续表）

组号	压合温度（℃）	预压时间（s）	成型时间（s）	压力（kg/cm²）	结合力（N/cm）
8	194	13	112	65	3.96
9	196	6	102	115	4.47
10	200	12	92	100	3.39
11	204	5	108	85	5.01
12	208	11	98	70	4.42

打开 DPS 软件系统，输入表 5-12 中的因素与结合力等 5 列数据，通过 DPS 数据处理软件对 5 列数据进行二次多项式逐步回归分析，建立起 4 个因素和结合力 Y 的回归方程。所构建的模型如下：

$$\begin{aligned} Y = &-45.3563 + 0.9943X_3 - 0.0003X_1X_1 - 0.0059X_3X_3 \\ &-0.0001X_4X_4 - 0.0013X_1X_2 + 0.0011X_1X_3 + 0.0019X_2X_4 \end{aligned}$$

（5-11）

该模型的 F 检验结果 $p = 0.025$，F 的显著水平 p 小于 0.05，说明该模型方程（5-11）具有显著统计学意义，且该模型的显著水平 R（相关系数）$= 0.969$，接近于 1。d 为 Durbin-Watson 统计量，其中 $d = 2.010\ 371\ 46$（接近于 2），表明该回归方程与实际试验拟合的准确度高，能很好地拟合快压覆盖膜工艺，所建立的回归模型具有显著的统计学意义。

先从表 5-13 的二次多项式的逐步回归结果来看，各变量对结合力的影响可以根据 t 值和 p 值来判断，成型时间 X_3 的影响最大。再从各影响因子的逐步回归多项式的系数来看，成型时间 X_3 与覆盖膜结合力呈正相关，说明适当延长时间有助于提高胶层流胶量，在保持其他参数不变的情况下，延长时间能让胶层在线间距的空隙填充饱满，从而提高结合力；但是与成型时间 X_3 的平方是负相关，说明时间过长会导致溢胶的出现，使其结合力下降。

表 5-13 二次多项式逐步回归结果

项目	偏相关	t 值	P 值
X_3	0.8817	3.7367	0.0135
X_1X_1	−0.6065	1.5225	0.1877
X_3X_3	−0.9095	4.3757	0.0072
X_4X_4	−0.8673	3.4840	0.0176
X_1X_2	−0.8740	3.5964	0.0156
X_1X_3	0.6297	1.6210	0.1659
X_2X_4	0.7874	2.5544	0.0510

快压温度 X_1 和压力 X_4 的平方与覆盖膜结合力成反比，表面试验得到的结合力表现为先增大后减小，说明试验初期随着其快压温度和压力的增加有助于填胶，但是当线路间的空隙完全被胶填满后，增加快压压力对填胶效果不仅没有提高，反而会增加溢胶的风险，对增加覆盖膜的结合力不利。综上所述，快压温度 X_1、成型时间 X_3 和压力 X_4 在一定程度上能提高覆盖膜的结合力。预压时间 X_2 和压力 X_4 交互项、压合温度 X_1 和成型时间 X_3 都与覆盖膜结合力交互项成正比，说明时间是影响覆盖膜结合力的主要因素。

通过 DPS 数理统计软件优化和对各因素的分析，得到最优的快压参数，即预压时间为 5 s，压合温度为 194 ℃，成型时间为 104 s，压力为 60 kg/cm^2。该参数快压后的覆盖膜在测试后的结合力为 5.54 N/cm。

5.2.4 DPS 软件对案例的具体操作

对于均匀设计表，可用 DPS 软件设计或者直接选用现有的均匀设计表，这里根据案例直接选用 $U_{13}(13^{12})$ 均匀设计表。由于只有四个因子，因此只需选择均匀设计表的四列，然后依次放入试验参数。具体操作与结果如图 5-17～图 5~19 所示。

图 5-17　DPS 设计均匀试验

	A	B	C	D	E	F	G	H	I	J
1	170	10				26				
2	174	16		574						
3	178	9	110			73				
4	182	15	100			21				
5	184	8	90		110	3.62				
6	188	14	106		95	4.46				
7	192	7	96		80	4.69				
8	194	13	112		65	3.96				
9	196	6	102		115	4.47				
10	200	12	92		100	3.39				
11	204	5	108		85	5.01				
12	208	11	98		70	4.42				
13										
14										
15										

图 5-18　二次多项式逐步回归指引图

	A	B	C	D	E	F	G	H	I	J
19	计算结果 当前日期 2017-9-3 15:02:41									
20	变量	平均值	标准差							
21	X1	189.16667	11.95319							
22	X2	10.50000	3.60555							
23	X3	101.00000	7.21110							
24	X4	87.50000	18.02776							
25	X1*X1	35915.00000	4518.43678							
26	X2*X2	122.16667	76.51362							
27	X3*X3	10248.66667	1457.30894							
28	X4*X4	7954.16667	3166.85306							
29	X1*X2	1972.50000	650.19109							
30	X1*X3	19106.00000	1824.24679							
31	X1*X4	16524.16667	3425.17009							
32	X2*X3	1058.33333	365.82443							
33	X2*X4	897.08333	308.24620							
34	X3*X4	8794.16667	1700.07197							

图 5-19　数据处理结果图

	A	B	C	D	E	F	G	H	I	J
69	Y=									
70	-45.356386+0.99428X3-0.0002910X1*X1-0.0058902X3*X3-0.0001717X4*X4-0.001314X1*X2+0.01162X1*X3+0.001976X2*X4									
71										
72										
73		偏相关		t检验值	显著水平p					
74	r(y, X3)=		0.88166	3.73673	0.01348					
75	r(y, X1*X1)=		-0.60647	1.52549	0.18766					
76	r(y, X3*X3)=		-0.90950	4.37574	0.00718					
77	r(y, X4*X4)=		-0.86726	3.48397	0.01758					
78	r(y, X1*X2)=		-0.87395	3.59644	0.01560					
79	r(y, X1*X3)=		0.62965	1.62098	0.16595					
80	r(y, X2*X4)=		0.78737	2.55442	0.05099					
81										
82	相关系数R=		0.96959	F值=		8.9677	显著水平p=		0.0255	
83	剩余标准差 S=		0.18770							
84	调整后的相关系数Ra=		0.91393							

	A	B	C	D	E	F	G	H	I	J
84	调整后的相关系数Ra=		0.91393							
85	样本	观测值	拟合值	拟合误差						
86	1	4.26000	4.43600	-0.17600						
87	2	4.12000	4.06416	0.05584						
88	3	4.73000	4.55245	0.17755						
89	4	4.21000	4.26514	-0.05514						
90	5	3.62000	3.54839	0.07161						
91	6	4.46000	4.36114	0.09886						
92	7	4.69000	4.75634	-0.06634						
93	8	3.96000	4.05842	-0.09842						
94	9	4.47000	4.39267	0.07733						
95	10	3.39000	3.51776	-0.12776						
96	11	5.01000	5.08896	-0.07896						
97	12	4.42000	4.29856	0.12144						
98	Durbin-Watson统计量 d=2.01037146									

	A	B	C	D	E	F	G	H	I
100	最高指标时各个因素组合								
101	Y	x1	x2	x3	x4				
102	5.54875	194.71923	5.00000	103.92283	60.03216				
103									
104	通径系数								
105	因子	直接	→X3	→X1*X1	→X3*X3	→X4*X4	→X1*X2	→X1*X3	→X2*X4
106	X3	15.50374		-0.00568	-18.55302	0.42596	0.17409	3.43497	-0.41685
107	X1*X1	-2.84347	0.03097		-0.02745	0.16778	0.31827	3.03969	-0.57883
108	X3*X3	-18.56150	15.49665	-0.00420		0.42604	0.17316	3.43362	-0.41558
109	X4*X4	-1.17583	-5.61637	0.40574	6.72543		0.74969	-1.67143	0.29755
110	X1*X2	-1.84816	-1.46036	0.48967	1.73910	0.47697		-0.84922	0.99499
111	X1*X3	4.58703	11.60987	-1.88429	-13.89418	0.42845	0.34216		-0.69662
112	X2*X4	1.31769	-4.90461	1.24908	5.85395	-0.26552	-1.39555	-2.42502	
113									
114	决定系数=0.94010								
115	剩余通径系数=0.24475								

图 5-19 数据处理结果图（续）

5.2.5　技术应用案例

为了确认获得回归方程的精确度，需要对使用 DPS 数理处理软件得出的预测指标进行验证，将修正、优化的工艺参数设定为压合温度 194 ℃，预压时间 5 s，成型时间 104 s，压力 60 kg/cm²，然后分别测试其结合力，其结果见表 5-14 所列。与回归分析的预测结果相比较，其相对误差为−4.1%，表明使用均匀设计法获得的工艺参数非常可靠，且覆盖膜的结合力好，可供试验人员调整挠性板快压覆盖膜工艺的参数时作为参考。

表 5-14　验证试验结果

试验组号	1	2	3	4	5	X
结合力 (N/cm)	5.33	5.29	5.26	5.32	5.35	5.31

为了验证其分析结果具有更高的可靠性，使用相对标准偏差 (RSD) 验证其精准度。其相对标准偏差 (RSD) 的计算公式如下：

$$S = \sqrt{\frac{\sum_{i=1}^{n}\left(x_i - \overline{x}\right)^2}{n-1}} \qquad (5\text{-}12)$$
$$= \sqrt{\frac{\left(x_1 - \overline{x}\right)^2 + \left(x_2 - \overline{x}\right)^2 + \cdots + \left(x_n - \overline{x}\right)^2}{n-1}}$$

$$RSD = \frac{S}{X} \times 100\% \qquad (5\text{-}13)$$

通过公式计算得到的相对标准偏差 (RSD) 为 0.59%，说明分析结果的精密度较高，其参数应用于快压覆盖膜工艺非常可靠。

从挠性双面板的金相切片（如图 5-19 所示）可以看出，在覆盖膜胶层与线路间距填充饱满，线路之间没有空隙，填胶效果较好，获得了比较理想的挠性板覆盖膜快压参数。

图 5-19　优化后参数快压覆盖膜的切片图

第六章

回归分析法及应用

陶瓷基印制电路板具有良好的散热性能，是一类特种印制电路板。陶瓷材料的性能直接影响印制电路板电气工作的可靠性。陶瓷材料还在众多行业中扮演着重要的角色。例如，先进电子陶瓷材料在航天领域中有大量需求，应用于航天领域的诸多元器件如滤波器、谐振器、电容器、双工器等，对制作这些器件的电子陶瓷材料有很高的性能要求。这种陶瓷采用高度精选或合成的原料，需要精确控制其化学组成以及可控的制造技术加工，才能获得优异特性。陶瓷材料的制造过程涉及材料、化学、物理等众多学科，影响因素众多，交互作用比较复杂。均匀设计法是利用数论在多维数值积分中的应用原理构造均匀设计表来进行均匀试验设计的科学方法。均匀设计是非正交设计，不可能估计出方差分析模型中的主效应和交互效应，但是可以结合回归分析估出回归模型中因素的主效应和交互效应。回归分析法是用数理统计方法对大量观察数据进行回归分析，并建立因变量与自变量关系式的一种科学方法。本章将均匀设计法和回归分析法引入陶瓷材料设计制造过程中，通过数据分析找出对陶瓷性能有影响的掺杂量的一次项、二次项以及交互作用，最终优化各因素的最佳水平，从而通过配方优化实现陶瓷材料的性能控制。本章让学生了解均匀设计法和回归分析法协同配合解决材料配方问题的思路，掌握该配套方法的主要思想及具体步骤，能将多种方法灵活运用在材料设计过程中，以达到通过快速优化配方提高材料性能的目的。

6.1　优化模型设计

回归分析法是在掌握大量观察数据的基础上，利用数理统计方法建立因变量与自变量之间的回归关系函数表达式（称回归方程），即回归分析就是一种处理变量与变量之间关系的数学方法。在回归分析中，当研究的因果关系只涉及因变量和一个自变量时，该数学方法叫作一元回归分析；当研究的因果关系涉及因变量和两个或两个以上自变量时，该数学方法叫作多元回归分析。

解决多元线性回归模型的原理与解决一元线性回归模型的原理完全相同，也是用最小二乘法确定多元线性回归模型的常数项和回归系数。即多元线性回归分析与一元线性回归分析的原理完全相同，但在具体计算上，要比一元线性回归复杂得多。不过，应用计算机多元回归的计算量是很小的，一般的计算机都有多元回归（以及逐步回归方法）的专门程序。这里着重讨论简单且又最一般的线性回归问题，这是因为许多非线性的情形可以化为线性回归来做。

6.1.1　模型建立

设因变量 Y 与自变量 $x_1, x_2, \cdots, x_k$ 有关系：

$$Y = b_0 + b_1 x_1 + \cdots + b_k x_k + \varepsilon \qquad (6\text{-}1)$$

式中，ε 是随机项。

现有几组数据：

$$(y_1; x_{11}, x_{21}, \cdots, x_{k1})$$
$$(y_2; x_{12}, x_{22}, \cdots, x_{k2})$$
$$\cdots\cdots$$
$$(y_n; x_{1n}, x_{2n}, \cdots, x_{kn})$$

式中，x_{ij} 为自变量 x_i 的第 j 个值。

y_j 为 Y 的第 j 个观测值。

假定：

$$\begin{cases} y_1 = b_0 + b_1 x_{11} + b_2 x_{21} + \cdots + b_k x_{k1} + \varepsilon_1, \\ y_2 = b_0 + b_1 x_{12} + b_2 x_{22} + \cdots + b_k x_{k2} + \varepsilon_2, \\ \qquad\qquad \cdots\cdots \\ y_n = b_0 + b_1 x_{1n} + b_2 x_{2n} + \cdots + b_k x_{kn} + \varepsilon_n \end{cases} \qquad (6\text{-}2)$$

式中，$b_0, b_1, \cdots, b_k$ 是待估参数。

$\varepsilon_0, \varepsilon_1, \cdots, \varepsilon_k$ 相互独立且服从相同的标准正态分布 $N(0, \sigma^2)$。其中，σ 为未知量。

说明：

（1）所谓"多元"是指自变量有多个，而因变量还是只有一个；自变量是普通变量，因变量是随机变量。

（2）式（6-2）中的诸 y 是数据，而式（6-1）中的诸 Y 是随机变量，把式（6-1）中的诸 Y 当作式（6-2）中的相应的 y 的观测值。

（3）式（6-1）表示 Y 跟 $x_1, x_2, \cdots, x_k$ 的关系是线性的。某些非线性关系可通过适当的变换转化为形式上的线性问题。例如，对于一元多项式回归问题（即显然只有一个 x），如果 Y 对 x 的回归式是多项式：$\hat{y} = b_0 + b_1 x + b_2 x^2 + \cdots + b_k x^k$，就可以通过变换，令 $x_1 = x, x_2 = x^2, \cdots, x_k = x^k$ 将其转化为多元线性回归问题。

6.1.2 最小二乘法与正规方程

设影响因变量 Y 的自变量共有 k 个，即 $x_1, x_2, \cdots, x_k$，通过试验得到下列几组观测数据：

$$(x_{1t}, x_{2t}, \cdots, x_{kt}; y_t) \qquad t = 1, 2, \cdots, N \qquad (6-3)$$

根据这些数据，在 y 与 $x_1, x_2, \cdots, x_k$ 之间欲配线性回归方程：

$$y = b_0 + b_1 x_1 + b_2 x_2 + \cdots + b_k x_k \qquad (6-4)$$

用最小二乘法，选择参数 $b_0, b_1, \cdots, b_k$，使离差平方和最小，即使

$$Q(b_0, b_1, \cdots, b_k) = \sum_{i=1}^{N} (y_i - y)^2 = \sum_{i=1}^{N} [y_i - (b_0 + b_1 x_{1t} + \cdots + b_k x_{kt})]^2 \qquad (6-5)$$

最小。

由数学分析中求极小值原理得

$$\begin{cases} \dfrac{\partial Q}{\partial b_0} = 0, \\[2mm] \dfrac{\partial Q}{\partial b_1} = 0, \\[1mm] \qquad\vdots \\[1mm] \dfrac{\partial Q}{\partial b_k} = 0 \end{cases} \tag{6-6}$$

化简并整理式（6-6），可得下列方程组：

$$\begin{cases} l_{11}b_1 + l_{12}b_2 + \cdots + l_{1k}b_k = l_{1y}, \\ l_{21}b_1 + l_{22}b_2 + \cdots + l_{2k}b_k = l_{2y}, \\ \qquad\cdots\cdots \\ l_{k1}b_1 + l_{k2}b_2 + \cdots + l_{kk}b_k = l_{ky} \end{cases} \tag{6-7a}$$

将方程组（6-7a）写成矩阵形式：

$$\begin{bmatrix} l_{11} & l_{12} & \cdots & l_{1k} \\ l_{21} & l_{22} & \cdots & l_{2k} \\ \vdots & \vdots & & \vdots \\ l_{k1} & l_{k2} & \cdots & l_{kk} \end{bmatrix} \begin{bmatrix} b_1 \\ b_2 \\ \vdots \\ b_k \end{bmatrix} = \begin{bmatrix} l_{1y} \\ l_{2y} \\ \vdots \\ l_{ky} \end{bmatrix} \tag{6-7b}$$

$$b_0 = \overline{y} - b_1\overline{x}_1 - \cdots - b_k\overline{x}_k \tag{6-8}$$

其中，$\overline{y} = \dfrac{1}{n}\displaystyle\sum_{i=1}^{N} y_i$，$\overline{x}_i = \dfrac{1}{n}\displaystyle\sum_{i=1}^{N} x_{it}$，$i = 1, 2, \cdots, k$。

$$l_{ij} = l_{ji} = \sum_{i=1}^{N}(x_{it} - \overline{x}_i)(x_{jt} - \overline{x}_j) = \sum_{i=1}^{N} x_{it}x_{jt} - \frac{1}{n}\left(\sum_{i=1}^{N} x_{it}\right)\left(\sum_{i=1}^{N} x_{jt}\right) \quad （6\text{-}9a）$$

$$i, j = 1, 2, \cdots, k$$

$$l_{iy} = \sum_{i=1}^{N}(x_{it} - \overline{x}_i)(y_t - \overline{y}) = \sum_{i=1}^{N} x_{it}y_t - \frac{1}{n}\left(\sum_{i=1}^{N} x_{it}\right)\left(\sum_{i=1}^{N} y_t\right) \quad （6\text{-}9b）$$

$$i = 1, 2, \cdots, k$$

方程组（6-7）称为正规方程。

解正规方程，可使 $Q(b_0, b_1, \cdots, b_n)$ 达最小参数 $b_0, b_1, \cdots, b_k$。其中，b_0 为常数项，$b_1, \cdots, b_k$ 为回归系数。

6.1.3　多元线性回归方差分析

与一元线性回归的情形类似，多元线性回归有平方和分解公式：

$$l_{yy} = Q + U \quad （6\text{-}10）$$

式中，$l_{yy} = \sum_{i=1}^{N}(y_t - \overline{y})^2 = \sum_{i=1}^{N} y_t^2 - \frac{1}{n}\left(\sum_{i=1}^{N} y_t\right)^2$

$$Q = \sum_{i=1}^{N}(y_t - \hat{y}_t)^2$$

$$U = \sum_{i=1}^{N}(\hat{y}_t - \overline{y})^2 = \sum_{i=1}^{N} b_i l_{iy}$$

而

$$y = b_0 + b_1 x_{1t} + b_2 x_{2t} + \cdots + b_k x_{kt} \quad t = 1, 2, \cdots, n$$

U 为回归平方和，Q 为剩余平方和。

跟一元线性回归类似，有

$$U = b_1 l_{1y} + b_2 l_{2y} + \cdots + b_k l_{ky}$$

具体计算时，用这个公式是比较方便的。

有

$$E\left[Q/(n-k-1)\right] = \sigma^2 \qquad (6\text{-}11)$$

记为 $\hat{\sigma}^2 = Q/(n-k-1)$。

式（6-11）表明：$\hat{\sigma}^2$ 是 σ^2 的无偏估计，实际中常用 S^2 来表示 $\hat{\sigma}^2$。

$$S = \sqrt{Q/(n-k-1)} \qquad (6\text{-}12)$$

式中，S 又叫剩余标准差。

可以利用 F 检验对整个回归进行显著性检验，即 Y 与所考虑的 k 个自变量 $x_1, x_2, \cdots, x_k$ 之间的线性关系究竟是否显著，检验方法与一元线性回归的 F 检验相同，只是这里仅能对总回归做出检验。即

$$F = \frac{U/k}{Q/(n-k-1)} = \frac{U}{kS^2} \qquad (6\text{-}13)$$

在检验的时候，分别查出临界值 $F_{0.1}(k, n-k-1)$，$F_{0.05}(k, n-k-1)$，$F_{0.01}(k, n-k-1)$，并将临界值与式（6-13）计算的 F 值相比较。

若 $F \geqslant F_{0.01}(k, n-k-1)$，则认为回归高度显著或在 0.01 水平上显著；

若 $F_{0.05}(k, n-k-1) \leqslant F \leqslant F_{0.01}(k, n-k-1)$，则认为回归在 0.05 水平上显著；

若 $F_{0.1}(k, n-k-1) \leqslant F < F_{0.05}(k, n-k-1)$，则认为回归在 0.1 水平上显著；

若 $F < F_{0.1}(k, n-k-1)$，则回归不显著，此时 Y 与这 k 个自变量的线性关系就不确切。

多元线性回归的方差分析表见表 6-1 所列。

表 6-1　方差分析表

变差来源	平方和	自由度	均方	F_{it}
回归	$U = \sum\limits_{i=1}^{N}(\hat{y}_t - \bar{y})^2 = \sum\limits_{i=1}^{N} b_i l_{iy}$	k	U/k	U/kS^2
剩余	$Q = \sum\limits_{i=1}^{N}(y_t - \hat{y}_t)^2 = l_{yy} - U$	$n-k-1$	$S^2 = Q/(n-k-1)$	
总计	$l_{yy} = \sum\limits_{i=1}^{N}(y_t - \bar{y})^2$	$n-1$		

6.1.4　偏回归平方和与因素主次的差别

前面所述有关多元线性回归的内容，属于一元情形的推广，只是形式上复杂一些，而偏回归平方和与因素主次的差别才是多元回归问题所特有的。

先从判别因素的主次说起。在实际工作中，在 Y 对 $x_1, x_2, \cdots, x_k$ 的线性回归中，哪些因素（即自变量）更重要，哪些因素无关紧要，如何量化某个因素 $x_i (i = 1, 2, \cdots, k)$ 的重要程度就是关键所在。前面所述，回归平方和 U 这个量刻画了全体自变量 $x_1, x_2, \cdots, x_k$ 对 Y 的总线性影响。为了量化 x_k 的作用，可以从原来的 k 个自变量中扣除 x_k，剩下的 $k-1$ 个自变量 $x_1, x_2, \cdots, x_{k-1}$ 对 Y 的总线性影响也是一个回归平方和，记作 $U_{(k)}$。

称

$$P_k \equiv U - U_{(k)}$$

为 $x_1, x_2, \cdots, x_k$ 中 x_k 的偏回归平方和。这个偏回归平方和也可看作 x_k 产生的作用，类似的，可定义为 $U_{(i)}$。

一般来说，称

$$P_i = U - U_{(i)} \quad i = 1, 2, \cdots, k \qquad (6\text{-}14)$$

为 $x_1, x_2, \cdots, x_k$ 中 x_i 的偏回归平方和。用它来衡量 x_i 在 Y 对 $x_1, x_2, \cdots, x_k$ 的线性回归中的作用的大小。

为了得出偏回归平方和的计算公式，首先给出在回归方程中取消某个自变量时，其他变量回归类系数的改变公式。设在 Y 对 $x_1, x_2, \cdots, x_k$ 的多元线性回归中，取消一个自变 x_i，则 Y 对剩下的 $k-1$ 个自变量的回归系数 b_j^* 与原来的回归系数 b_j 之间也有关系：

$$b_j^* = b_j - \frac{C_{ij}}{C_{ii}} b_i \quad j \neq i \qquad (6\text{-}15)$$

式中，C_{ij} 是回归正规方程系数矩阵，是 $(l_{ij})_{k \times k}$ 的逆矩阵 $C = (C_{ij})$ 的元素。

在总回归中取消自变量 x_i 所引起的回归平方和的减小，可以从上述回归系数改变的公式推出。这里仅给出结果而不详细推导，此数值为

$$P_i = \frac{b_i}{C_{ii}} \qquad (6\text{-}16)$$

式中，C_{ii} 是回归正规方程系数矩阵，是 $(l_{ij})_{k \times k}$ 的逆矩阵的对角线上的第 I 个元素。

从偏回归平方和的意义可以看出，凡是对 Y 作用显著的因素一般具有较大的 P_i 值。P_i 愈大，该因素对 Y 的作用也就愈大，这样通过比较各个因素的 P_i 值就可以大致看出各个因素对因素变量作用的重要性。

在计算了偏回归平方和后，对各因素的分析可以按下面步骤进行。

（1）凡是偏回归平方和大的，即显著性因素，一定是对 Y 有重要影响的因素。至于偏回归平方和大到什么程度才算显著，需要对它进行检验，检验的方法与总回归的检验法类似。为此，要先计算：

$$F_i = \frac{P_i}{S^2} = \frac{b_i^2}{C_{ii} \cdot S^2} \qquad (6\text{-}17)$$

式中，S^2 是方差分析计算中的剩余方差。

F_i 的自由度为 $(1, n-k-1)$。

于是在给定的显著性水平 α 下，按前面的 F 检验法，检验该因素的偏回归平和的显著性。

（2）凡是偏回归平方和小的，即不显著的变量，则可肯定偏回归平方和最小的那个因素必然是在这些因素中对 Y 作用最小的一个，此时应该从回归方程中将变量剔除。剔除一个变量后，各因素的偏回归平方和的大小一般都会有所改变，这时应该对它们重新做出检验。

另需说明，在通常情况下，各因素的偏回归平方和相加并不等于回归平方和。只有当正规方程的系数矩阵为对角型

$$L = \begin{bmatrix} l_{11} & \cdots & 0 \\ \vdots & & \vdots \\ 0 & \cdots & l_{kk} \end{bmatrix}$$

时，由于此时它的逆矩阵为

$$C = \begin{bmatrix} \dfrac{1}{l_{11}} & \cdots & 0 \\ \vdots & & \vdots \\ 0 & \cdots & \dfrac{1}{l_{kk}} \end{bmatrix} \qquad (6\text{-}18)$$

从而回归平方和为

$$U = \sum_{i=1}^{k} b_i l_{iy} = \sum_{i=1}^{k} b_i l_{ii} = \sum_{i=1}^{k} \frac{b_i^2}{C_{ii}} = \sum_{i=1}^{k} P_i$$

即 U 等于所有因素的偏回归平方的和。

6.2 回归分析法在陶瓷材料制造优化中的应用

评价高介高比容多层陶瓷电容器（MLCC）性能水平的一个重要技术指标是温度特性。电容量的温度特性在宽泛的温度范围内呈现平稳的变化是一个基本要求。高介高比容 MLCC 的典型产品 X7R MLCC 具有高介电常数与良好的温度稳定性 ($-55 \sim 125 \, ℃$，$\Delta C / C_{25℃} \leqslant \pm 15\%$)，X8R MLCC ($-55 \sim 150 \, ℃$，$\Delta C / C_{25℃} \leqslant \pm 15\%$)已在各类军用和民用电子设备中得到广泛应用。

通过微波介质材料六方相钛酸镁锌 ($Zn_{1-x}Mg_xTiO_3$，ZMT) 和 Nb_2O_5 复合掺杂 $BaTiO_3$ 可以获得 X8R 陶瓷材料，而 Nb_2O_5-ZnO 体系一般只能得到 X7R 陶瓷材料。此外，Nb_2O_5-ZMT 掺杂可以在 $1180 \, ℃$ 的温度中烧成，相比 ZnO 具有一定的优势。在试验室研制 X8R 陶瓷的过程中，往往采取多种掺杂剂来共同改性以获得 X8R 陶瓷材料，如 Nb_2O_5-Co_3O_4，Bi_2O_3-TiO_2 等，并通过加入 $CaZrO_3$ 来改善高温特性。此时，有多种掺杂剂的用量需要考虑时，研究者一般采取变化某种单一掺杂剂的用量，同时固定其余掺杂剂用量的方法来进行研究。这种方式往往费时费力，且陶瓷的介电性能还可能与掺杂剂之间的交互作用有关，因此需要考虑一种合适的试验设计方法。传统的试验设计方法，如因子设计和正交设计，也需要进行大量的试验来确定因素对试验结果的影响。均匀设计法相对而言则具有明显的优点，能把最少的试验次数均匀地分布在选取的试验范围内，可以同时处理多因素、多水平的试验，十分适合 X8R 此类复杂陶瓷材料的设计。并且，回归方程可以提供一个试验范围内自变量和因变量之间的一种数值关系，并对方程进行综合分析，以达到优化试验的目的。

6.2.1 陶瓷材料的制备

试验采取 $BaTiO_3$-Nb_2O_5-ZMT 体系制备 X8R 陶瓷，为了尽量简化 X8R

配方体系,稳定陶瓷性能,试验中仅增加另外2种掺杂剂,即稀土氧化物Nd_2O_3和烧结助剂。其中,烧结助剂的主要成分摩尔比为$Mg:Li:B:Si=2:1:2:5$,简记为MLBS。

当试验中$BaTiO_3$的用量固定为$100\,g$时,有4种掺杂剂的用量需要控制,即Nb_2O_5,Nd_2O_3,ZMT,MLBS的用量。为了方便将它们的用量分别记为X_1,X_2,X_3和X_4,通过经验确定4种掺杂剂的用量如下:

$$0.3 \leqslant X_1 \leqslant 4.7,\ 0.05 \leqslant X_2 \leqslant 0.93,\ 0.1 \leqslant X_3 \leqslant 3.4,\ 0.05 \leqslant X_4 \leqslant 0.82 \qquad (6\text{-}19)$$

X_1到X_4可分为12个水平进行试验。若进行全面试验,则此时需要进行$12^4 = 20\ 736$次试验,无法在试验室中完成。而通过均匀设计法安排试验时,可以最大限度地把每个因素分为多个水平数,使每个因素的水平数等于试验次数。

6.2.2 陶瓷材料制造的均匀设计

下面采用均匀设计表$U_{12}(12^{12})$安排试验。

首先采用DPS数据处理系统获取均匀设计表。依次选择工具栏"试验设计"→"均匀设计"→"均匀试验设计"选项,调出"均匀设计参数"对话框,如图6-1所示。

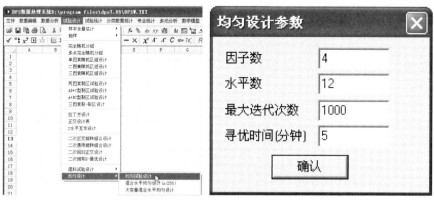

图6-1 均匀试验设计及其参数指定

点击"确定"后,会出现迭代临时框及最终均匀设计方案,如图6-2所示。

迭代时间	残差	**复制**	**取消**
1.19	0.1081115		
1.19	0.1079433		
1.44	0.1079433		
正在搜索,请等待......			
1.62	0.1078938		
正在搜索,请等待......			
2.12	0.1078938		
正在搜索,请等待......			
2.48	0.1078842		
2.48	0.1077091		
2.50	0.1076159		
正在搜索,请等待......			
正在搜索,请等待......			
正在搜索,请等待......			

2	以中心化偏差CD为指标的优化结果。			
3	运行时间 0分6秒.			
4	中心化偏差CD=			0.1076
5	L2－偏差D=			0.0393
6	修正偏差MD=			0.1384
7	对称化偏差SD=			0.6090
8	可卷偏差WD=			0.1818
9	条件数C=			1.2931
10	D－优良性=			0.0000
11	A-优良性=		0.0282	
13	均匀设计方案			
14	因子	x1	x2	x3	x4
15	N1	5	9	4	1
16	N2	4	2	1	8
17	N3	2	10	8	11
18	N4	3	7	12	4
19	N5	8	6	3	12
20	N6	6	12	10	7
21	N7	7	1	7	3
22	N8	12	8	6	9
23	N9	10	11	2	5
24	N10	11	5	9	2
25	N11	9	3	11	10
26	N12	1	4	5	6

图 6-2　迭代临时框及最终均匀设计方案

其次根据图 6-2 的方案，结合式（6-19）的掺杂剂用量，可以得到最终的试验安排方式和试验结果，见表 6-2 所列。

表 6-2　基于均匀设计法制备的 X8R 陶瓷的试验数据

No.	Nb_2O_5 /g	Nd_2O_3 /g	ZMT /g	MLBS /g	ε	TCC			$tg\delta$	$\rho/10^{11}$ $\Omega\cdot cm$
						−55 ℃	125 ℃	150 ℃		
B1	1.9	0.69	1	0.05	2804	−2.8%	2.3%	−12.8%	0.88%	3.2
B2	1.5	0.13	0.1	0.54	3020	−9.3%	7.6%	−9.0%	0.79%	2.5
						−55 ℃	125 ℃	150 ℃		
B3	0.7	0.77	2.2	0.75	3514	−17.8%	−17.1%	−37.1%	1.16%	3.3
B4	1.1	0.53	3.4	0.26	2955	−3.8%	−31.4%	−40.9%	0.93%	7.6
B5	3.1	0.45	0.7	0.82	2492	−6.3%	5.1%	−6.2%	0.63%	12
B6	2.3	0.93	2.8	0.47	1770	6.8%	−5.8%	−16.6%	0.63%	20
B7	2.7	0.05	1.9	0.19	1952	−9.9%	13.3%	−4.4%	0.73%	15
B8	4.7	0.61	1.6	0.61	1406	−4.5%	1.8%	−5.4%	0.54%	70
B9	3.9	0.85	0.4	0.33	2685	−7.5%	2.0%	−17.7%	0.94%	1.2

（续表）

No.	Nb$_2$O$_5$/g	Nd$_2$O$_3$/g	ZMT/g	MLBS/g	ε	*TCC*			tgδ	ρ/10^{11} $\Omega\cdot$cm
B10	4.3	0.37	2.5	0.12	1567	−6.9%	7.4%	−5.6%	0.64%	2.8
B11	3.5	0.21	3.1	0.68	1485	−6.4%	6.2%	−7.1%	0.58%	3.5
B12	0.3	0.29	1.3	0.4	3534	−22.5%	16.2%	−26.1%	1.16%	2.6

图 6-3 给出了所有试验的介电常数-温度曲线（简称介温曲线）和电容量温度变化率曲线。

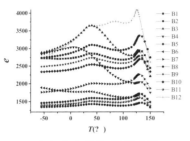

（a）介电常数–温度曲线

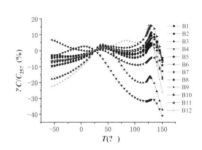

（b）电容量变化率–温度曲线

图 6-3　不同钛酸钡陶瓷

从表 6-3 和图 6-3 可以看出，介温特性的低温段比较容易满足 X8R 特性的要求，而不同配比 BaTiO$_3$ 陶瓷高温部分的介温特性变化明显。将需要考虑的因变量定义为室温介电常数（ε）、125 ℃的容温变化率（$TCC_{125℃}$）以及 150 ℃的容温变化率（$TCC_{150℃}$），分别表示为 Y_1，Y_2，Y_3。

表 6-3　系数表

自变量	系数	系数标准误	T	P
常量	14.19	34.21	0.41	0.750
x_1	1.94	15.29	0.13	0.920
x_2	−9.15	49.23	−0.19	0.883
x_3	−20.74	11.13	−1.86	0.314
x_4	−57.96	63.19	−0.92	0.527

（续表）

自变量	系数	系数标准误	T	P
x_1x_2	-11.29	13.13	-0.86	0.548
x_1x_3	3.263	4.676	0.70	0.612
x_1x_4	11.67	12.68	0.92	0.526
x_2x_3	9.92	17.78	0.56	0.676
x_2x_4	26.12	71.87	0.36	0.778
x_3x_4	5.47	20.31	0.27	0.833

其中，$S = 8.994\,55$，$R\text{-}Sq = 95.4\%$，$R\text{-}Sq$（调整）$= 49.4\%$

Minitab 软件的基本数据分析功能涵盖基本统计和回归分析等工作。此处使用 Minitab 软件对试验数据进行分析。

首先，将均匀设计表的试验安排以及试验获得的原始数据拷贝入 Minitab 中。按因素分别命名为"x_1，x_2，x_3，x_4，x_1x_2，x_1x_3，x_1x_4，x_2x_3，x_2x_4，x_3x_4，x_1^2，x_2^2，x_3^2，x_4^2，y_1，y_2，y_3"。其中，"x_1，x_2，x_3，x_4"为四个因素，"x_1x_2，x_1x_3，x_1x_4，x_2x_3，x_2x_4，x_3x_4"为四个因素的 6 个交互作用，"x_1^2，x_2^2，x_3^2，x_4^2"为其二阶值，"y_1，y_2，y_3"分别为三个因变量。此处因变量分别为室温介电常数 (ε)、125℃的容温变化率 ($TCC_{125℃}$) 以及 150 ℃的容温变化率 ($TCC_{150℃}$)。

界面如图 6-4 所示。

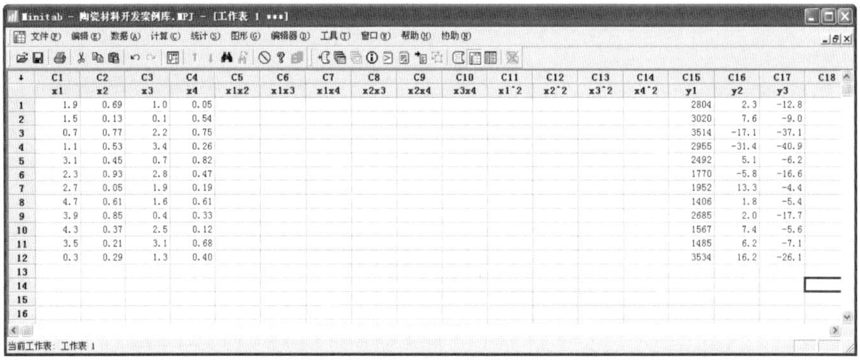

图 6-4 原始试验安排及数据录入 Minitab 软件

再次依次选择工具栏"计算"→"计算器"选项，调出"计算器"对话框，如图 6-5 所示。

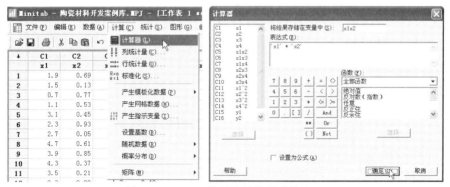

图 6-5　Minitab 软件的计算器功能窗口

计算得到"x_1x_2，x_1x_3，x_1x_4，x_2x_3，x_2x_4，x_3x_4，x_1^2，x_2^2，x_3^2，x_4^2"所有数据，如图 6-6 所示。

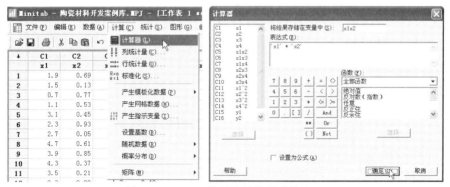

图 6-6　最终数据表格图

相比试验室圆片电容而言，MLCC 的电容量变化率高温峰会由于"顺时针效应"受到较为强烈的抑制，因此 Y_3（$TCC_{150℃}$）的值应该较大，以保证 MLCC 的应用要求。此时 Y_3（$TCC_{150℃}$）的值作为本例的最重要优化指标，以该指标为例来优化其方程。

最后依次选择工具栏"统计"→"回归"→"回归"选项，调出"回归"对话框，如图 6-7 所示。选定响应为"y_3"，假定先选取一次项以及交互项作为预测变量。

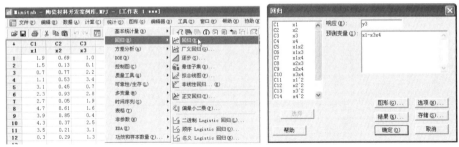

图 6-7　Minitab 软件的回归方程功能界面图

得到的结果如下。

回归分析：y_3 与 x_1, x_2, x_3, x_4, x_1x_2, x_1x_3, x_1x_4, x_2x_3, x_2x_4, x_3x_4

根据表 6-3，回归方程为

$$y_3 = 14.2+1.9x_1-9.1x_2-20.7x_3-58.0x_4-11.3x_1x_2+3.26x_1x_3$$
$$+11.7x_1x_4+9.9x_2x_3+26.1x_2x_4+5.5x_3x_4$$

方差分析结果见表 6-4、表 6-5 所列。

表 6-4　方差分析结果

来源	自由度	SS	MS	F	P
回归	10	1678.35	167.83	2.07	0.497
残差误差	1	80.90	80.90		
合计	11	1759.25			

表 6-5　方差分析结果

来源	自由度	$Seq\ SS$
x_1	1	894.00
x_2	1	309.09
x_3	1	142.91
x_4	1	0.38
x_1x_2	1	52.04

（续表）

来源	自由度	*Seq SS*
x_1x_3	1	149.96
x_1x_4	1	64.61
x_2x_3	1	44.18
x_2x_4	1	15.31
x_3x_4	1	5.87

异常观测值结果见表 6-6 所列。

表 6-6　异常观测值结果

观测值	x_1	y_3	拟合值	拟合值标准误	残差	标准化残差
12	0.30	−26.10	−26.72	8.97	0.62	1.00X

其中，"X"表示受"x"值影响很大的观测值。

分析上述 Minitab 软件的运算结果，保留其中偏回归平方和（*Seq SS*）最大的几个变量，依次分别为"x_1，x_2，x_1x_3，x_3"。

依次选择工具栏"统计"→"回归"→"回归"选项，调出"回归"对话框，选定响应为"y_3"，选取优化剩余项"x_1，x_2，x_1x_3，x_3"，并将所有二次项作为预测变量，如图 6-8 所示。

得到的分析结果如下。

回归分析：y_3 与 $x_1, x_2, x_1x_3, x_3, x_1^2, x_2^2, x_3^2, x_4^2$

根据表 6-7，回归方程为

$$y_3 = -20.8 + 11.5x_1 - 9.3x_2 + 3.68x_1x_3 - 3.58x_3 - 2.39\,x_1^2 + 1.4\,x_2^2$$
$$-2.42\,x_3^2 + 1.11\,x_4^2$$

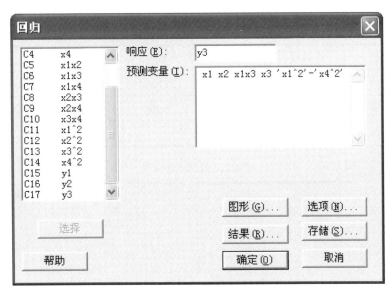

图 6-8　回归方程预测变量选取图

表 6-7　系数表

自变量	系数	系数标准误	T	P
常量	−20.846	9.023	−2.31	0.104
x_1	11.491	4.823	2.38	0.097
x_2	−9.31	21.54	−0.43	0.695
x_1x_3	3.684	1.236	2.98	0.059
x_3	−3.582	6.313	−0.57	0.610
x_1^2	−2.3924	0.8689	−2.75	0.071
x_2^2	1.35	20.78	0.07	0.952
x_3^2	−2.416	1.377	−1.75	0.178
x_4^2	1.112	5.486	0.20	0.852

其中，$S = 4.00939$，$R–Sq = 97.3\%$，$R–Sq$（调整）$= 89.9\%$

方差分析结果见表 6-8、表 6-9 所列。

表 6-8　方差分析结果

来源	自由度	SS	MS	F	P
回归	8	1711.02	213.88	13.30	0.028
残差误差	3	48.23	16.08		
合计	11	1759.25			

表 6-9　方差分析结果

来源	自由度	Seq SS
x_1	1	894.00
x_2	1	309.09
x_1x_3	1	38.12
x_3	1	288.72
x_1^2	1	129.23
x_2^2	1	1.46
x_3^2	1	49.74
x_4^2	1	0.66

去除其中的不显著项 x_2^2 和 x_4^2，再次回归，得到结果如下。

回归分析：y_3 与 $x_1, x_2, x_1x_3, x_3, x_1^2, x_3^2$

根据表 6-10，回归方程为

$$y_3 = -20.9 + 11.6x_1 - 7.91x_2 + 3.69x_1x_3 - 3.59x_3 - 2.42\,x_1^2 - 2.43\,x_3^2$$

表 6-10　系数表

自变量	系数	系数标准误	T	P
常量	−20.870	5.779	−3.61	0.015
x_1	11.599	3.423	3.39	0.019
x_2	−7.905	4.142	−1.91	0.115
x_1x_3	3.6935	0.9590	3.85	0.012

（续表）

自变量	系数	系数标准误	T	P
x_3	-3.592	4.914	-0.73	0.498
x_1^2	-2.4179	0.5744	-4.21	0.008
x_3^2	-2.427	1.061	-2.29	0.071

其中，$S = 3.12720$，$R\!-\!Sq = 97.2\%$，$R\!-\!Sq$（调整）$= 93.9\%$

方差分析结果见表 6-11、表 6-12 所列。

表 6-11　方差分析结果

来源	自由度	SS	MS	F	P
回归	6	1710.35	285.06	29.15	0.001
残差误差	5	48.90	9.78		
合计	11	1759.25			

表 6-12　方差分析结果

来源	自由度	$Seq\ SS$
x_1	1	894.00
x_2	1	309.09
$x_1 x_3$	1	38.12
x_3	1	288.72
x_1^2	1	129.23
x_3^2	1	51.20

此时得到的方程显著性概率 $P = 0.001$，已能满足优化设计要求。但对于单因素而言，自变量 x_3 的 P 为 0.498 属于不合理值，因而可以对其进一步优化。去除 x_3 再次回归，得到结果如下。

回归分析：y_3 与 x_1，x_2，$x_1 x_3$，x_1^2，x_3^2

根据表 6-13，回归方程为

$$y_3 = -24.2 + 13.0x_1 - 9.23x_2 + 3.23x_1x_3 - 2.54\,x_1^2 - 3.10\,x_3^2$$

表 6-13　系数表

自变量	系数	系数标准误	T	P
常量	−24.177	3.454	−7.00	0.000
x_1	12.977	2.743	4.73	0.003
x_2	−9.227	3.579	−2.58	0.042
x_1x_3	3.2341	0.6957	4.65	0.004
x_1^2	−2.5383	0.5285	−4.80	0.003
x_3^2	−3.1037	0.4961	−6.26	0.001

其中，$S = 3.003\,41$，$R\text{-}Sq = 96.9\%$，$R\text{-}Sq$（调整）$= 94.4\%$

方差分析结果见表 6-14、表 6-15 所列。

表 6-14　方差分析结果

来源	自由度	SS	MS	F	P
回归	5	1705.13	341.03	37.81	0.000
残差误差	6	54.12	9.02		
合计	11	1759.25			

表 6-15　方差分析结果

来源	自由度	Seq SS
x_1	1	894.00
x_2	1	309.09
x_1x_3	1	38.12
x_1^2	1	110.84
x_3^2	1	353.08

　　从以上结果可以看出，方程的显著性概率 P 已经小于 0.000，达到 10^{-4} 次方量级，更能满足精度要求，同时各因素的 P 也在 0.05 以下。至此 y_3 方

程的优化结束。需要注意的是，回归方程系数，$R-sq$ 值等结果可能因 Minitab 软件版本不同而有极其微小的变化，都应视同为正确结果。

6.2.3　陶瓷材料制造的拟合结果

以二次方程对四种掺杂剂的用量进行拟合，即分别考虑掺杂剂的一次项、二次项和它们之间的交互作用项，如下：

$$Y_k = A_0 + \sum_{i=1}^{4} A_i X_i + \sum_{i=1}^{4} A_{ii} X_i^2 + \sum_{i=1}^{4} \sum_{i<j} A_{ij} X_i X_j + \theta \tag{6-20}$$

式中，Y_k $(k = 1, 2, 3)$ 代表因变量，即 ε，$TCC_{125\,℃}$或 $TCC_{150\,℃}$。

X_i，X_j 代表自变量即掺杂剂用量。

A_0，A_i，A_j，A_{ij} 代表回归系数。

利用统计软件 Minitab 进行回归分析，并通过回归方程的单一变量的 t 值和 p 值对该变量进行显著性检验，t 值越大或者 p 值越小表示变量对某方程越重要，最终得到形式如（6-20）所示的方程，见表 6-16 所列。

表 6-16　试验指标的回归方程

ε (Y_1)	$\varepsilon = 5817 - 1096X_1 - 1118X_3 - 4357X_4 + 119X_1X_1 + 317X_3X_3 + 2835X_4X_4 - 683X_2X_3 + 3797X_2X_4$ （6-21）
	$S = 70.2$　$R^2 = 99.8\%$　$F = 166.19 > F_{0.01}(8, 3) = 27.49$　$p = 0.001$
$TCC_{125℃}$ (Y_2)	$TCC_{125℃} = 32.8 - 8.11X_1 - 50.3X_2 - 1.68X_1X_1 - 4.82X_3X_3 + 16.9X_1X_2 + 5.86X_1X_3$　（6-22）
	$S = 5.64$　$R^2 = 91.8\%$　$F = 9.34 > F_{0.05}(6, 5) = 5.0$　$p = 0.013$
$TCC_{150℃}$ (Y_3)	$TCC_{150℃} = -24.1 + 13.0X_1 - 9.27X_2 - 2.54X_1X_1 - 3.11X_3X_3 + 3.24X_1X_3$　（6-23）
	$S = 2.99$　$R^2 = 97.0\%$　$F = 38.18 > F_{0.01}(5, 6) = 8.8$　$p = 0.0002$

方程的显著性由回归系数 R^2 决定，$R^2 > 80\%$时方程显著。见表 6-16 所列，所有方程的 R^2 均大于 0.9，表示该方程对因变量的有效性达到 90%以上，因此，可以认为介电性能会按照上述回归模型的相关关系进行变化。同时，

较小 p 值 $(p < 0.05)$ 和 F 检验同样说明至少在显著水平为 0.05 时回归方程有效。

技术应用案例中，Y_3 $(TCC_{150\,℃})$ 的大小由方程（6-23）决定，可以通过求偏微分对其进行优化：

$$\frac{\partial Y_3}{\partial X_1} = 13.0 - 2.54 \times 2X_1 + 3.24X_3 = 0 \qquad （6\text{-}24）$$

$$\frac{\partial Y_3}{\partial X_3} = 3.11 \times 2X_3 + 3.24X_1 = 0 \qquad （6\text{-}25）$$

由式（6-23）可以看出，Y_3 和 X_2 成反比例关系变化，X_2 取极小时，Y_3 极大；由式（6-19）可得 X_2 的极小值为 0.05，又将值代入式（6-24）和式（6-25）并计算 X_1 和 X_3 的值，得出的 X_1、X_2、X_3 的值如下，代入式（6-23）并通过计算得出 Y_3 的最大值 0.35。

$$X_1 = 3.83, X_2 = 0.05, X_3 = 2.00 \qquad （6\text{-}26）$$

然而，并不能完全按照式（6-26）的要求来优化掺杂剂用量，而需要对陶瓷的综合性能进行评判，以获得适当的 ε 和 $TCC_{125\,℃}$，从而满足 X8R 陶瓷材料的要求。

固定方程（6-21）其余掺杂剂的用量，仅考虑 Nb_2O_5 用量对室温介电常数的影响，可以在式（6-19）的试验范围内对 Nb_2O_5 进行趋势分析，如图 6-9 所示。在试验范围内，室温介电常数随 Nb_2O_5 的用量递增而降低，这种现象可以用经典的"壳-芯"结构理论进行解释。因此，Nb_2O_5 的用量过大时无法获得较高的介电常数，而式（6-26）中 Nb_2O_5 的用量处于较高水平，应该予以一定的调整。

式（6-22）表示出了 $TCC_{125\,℃}$ 和掺杂剂用量之间的关系。可以看出，$TCC_{125\,℃}$ 的大小受 Nb_2O_5 (X_1) 和 ZMT (X_3) 交互作用影响显著，而与 MLBS (X_4) 的多少无关。

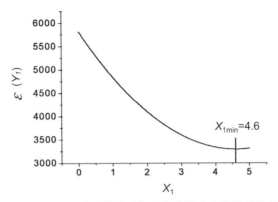

图 6-9　不同 Nb 含量的钛酸钡陶瓷室温介电常数的趋势图

使用回归方程可以方便地计算出想要得到的响应值，即室温介电常数 (ε)、125 ℃的容温变化率 ($TCC_{125\ ℃}$) 和 150 ℃的容温变化率 ($TCC_{150\ ℃}$)。通过上面的讨论，可以得到一系列不同室温介电常数的配方比例。表 6-17 和表 6-18 为优化配方后的试验数据。图 6-10 给出了优化后 $BaTiO_3$ 陶瓷的介温曲线和电容温度变化率曲线。

表 6-17　用回归方程优化后的 X8R 瓷料配方

No.	X_1/g	X_2/g	X_3/g	X_4/g	Y_1		Y_2		Y_3	
					TV	CI	TV	CI	TV	CI
B13	1.7	0.3	0.3	0.2	3399	(3232,3564)	10.2	(1.3,17.2)	−10.7	(−14.8,−6.9)
B14	2.6	0.6	1.1	0.8	2626	(2433,2817)	7.5	(−0.6,15.4)	−7.5	(−11.7,−3.6)
B15	2.4	0.4	1.0	0.4	2116	(1923,2307)	9.0	(1.4,16.5)	−6.6	(−10.5,−2.9)

TV: Theory Value; CI: confidence interval

表 6-18　X8R 瓷料优化配方后的试验数据

No.	Nb_2O_5/g	Nd_2O_3/g	ZMT/g	MLBS/g	ε	TCC			tgδ	$\rho/10^{11}$ $\Omega\cdot cm$
						−55 ℃	125 ℃	150 ℃		
B13	1.7	0.3	0.3	0.2	3366	−12.0%	12.6%	−9.8%	0.98%	2.5
B14	2.6	0.6	1.1	0.8	2655	−8.9%	8.3%	−8.0%	0.65%	12
B15	2.4	0.4	1.0	0.4	2104	−8.7%	9.6%	−7.1%	0.73%	5.6

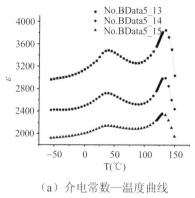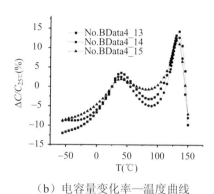

（a）介电常数—温度曲线　　　　　　　（b）电容量变化率—温度曲线

图 6-10　X8R 瓷料优化后

从表 6-17 和表 6-18 可以看出，通过方程计算的理论值和试验所得的实际值十分吻合，完全可以满足优化试验的要求。在未优化前（见表 6-2 所列），仅仅利用均匀设计法获得的 X8R 陶瓷材料室温介电常数最大为 3020 (No.2)；优化后，当配方调整为 100 g BaTiO$_3$，1.7 g Nb$_2$O$_5$，0.3 g Nd$_2$O$_3$，0.3 g ZMT 和 0.2 g MLBS 时，其介电常数值为 3366。除此之外，基于均匀设计法的回归方程优化，获得了宽介电常数范围的高温烧结 X8R 瓷料，介电常数分别接近 1500 (No.08, No.10, No.11)，2000 (No.07, No.15)，2500 (No.05, No.14)，3000 (No.02) 和 3300 (No.13)，达到了优化试验的目的。

第七章

响应曲面法及应用

响应曲面法（response surface methodology，RSM）包括一系列用于建立经验模型和利用该模型指导生产 / 统计的优化方法。通过恰当的试验设计和分析，响应曲面法可以将"响应"与影响"响应"的多个输入因素以及水平联系起来。在许多实际应用场景下，将多个可控因素以及水平与"响应"联系起来的理论模型可能非常复杂，甚至根本不存在。在这种场景下，就需要通过经验方法来获取因素与响应之间的关系。由 Box 和 Wilson 提出的响应曲面法是一系列数学和统计技术的复合方法，其目的是通过一个经验模型来分析相应的复杂问题。随着计算机绘图相关技术的进步，RSM 在工业设计、评价、决策等方面的应用得到了长足发展。

7.1 响应曲面法的基本原理

大多数试验设计与优化方法受于方法本身和因素维度的限制，很难给出直观的图形，因而也不能凭直觉观察其最优化点，虽然能找出下一步的优化方向，但难以直接判别优化区域。响应曲面法是由英国统计学家 Box 和 Wilson 于 1951 年提出，是数学方法和统计方法的集合产物，用来对所感兴趣的响应受多个因素（变量）影响的问题进行试验、建模和数据分析，其目的是优化目标响应。响应面分析是一种最优化方法，是将体系的响应（如化工产品产率）作为一个或多个因素（如温度、时间、用碱量等）的函数，运用图形技术将这种函数关系显示出来，以通过直观地观察来选择试验设计中的最优化条件。显然，要构造这样的响应面并进行分析以确定最优条件或寻找最优区域，首先必须基于大量的测试数据建立一个合适的数学模型，即通常意义的数学建模，其次用此数学模型作图。这样就解决了在工业生产或实际科研工作中经常出现的问题——控制输入变量参数（工艺参数等）$x_1, x_2, \cdots, x_m$ 的值，使指标 y 达到"最优化"。为达到这个目标，需要研究 y 与 $x_1, x_2, \cdots, x_m$ 之间的定量关系。例如，一位化学工程师想求出温度 (x_1)、时间 (x_2) 和催化剂 (x_3) 的水平，以使得特定化工过程 f 的产率 (y) 达到最大值。产率是温度水平、时间水平和压强水平的函数，它们之间的关系可以用模型表示：

$$y = f(x_1 + x_2 + x_3) + \varepsilon \tag{7-1}$$

此函数通常被称为响应函数。其中，ε 表示响应的观测误差或噪声。通常假定 ε 在不同的试验中是相互独立的，且均值为 0，方差为 σ^2。

需要注意的是，响应曲面法是用来优化方案或者建立指标和因素关系模型的，可以给出指标和因素的函数关系式。但是并非所有的试验都可以用响应曲面法来优化，因为有些试验指标和因素之间不一定存在很明显的函数关系；也不是所有的试验都适合采用响应曲面法，有的试验利用正交试验完全可以达到优化试验的目的。由于响应曲面法可以得出连续的函数关系式，而正交设计只是不连续的点的优化组合，因此其优化试验设计的优势是比较明显的，如果响应面的模型建立得比较好，可以通过所得的方程计算出任一条件组合下的函数值。

图形化的展示可以极大地帮助读者快速理解研究对象的指标与因素关系，响应曲面法的优势正在于此。图 7-1 表示了响应产量的均值 η 和单一定量因子催化剂之间的关系，可以看到添加了催化剂甲（图中-1.00）或乙（图中 1.00）时产量均有提高。

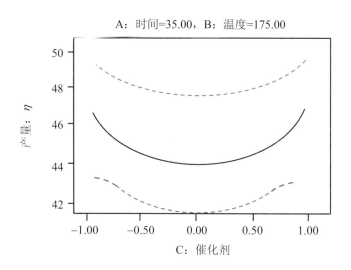

图 7-1　响应产量的均值 η 和单一定量因子催化剂之间的关系

同样的关系可以用等高线图来表示，如图 7-2 所示，表示了温度恒定时产量的等高线图。

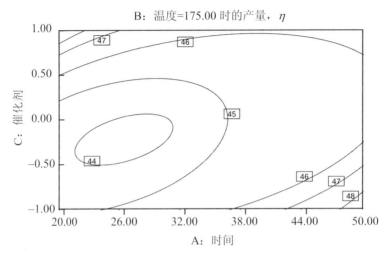

图 7-2　温度恒定时产量的等高线图

通常用图 7-3 来表示响应曲面。其中，η 是对 x_1 水平和 x_2 水平画的。一般说来，研究的目的是最大化或最小化响应或想要达到的响应值。由于许多工程实际问题中，f 是未知的，且对 y 的观测带有随机误差，因此需要通过多次试验得到关于 f 的数据。研究的成功与否主要依赖于对 f 逼近的优劣程度。

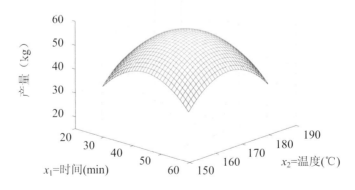

图 7-3　产量 (η) 作为时间 (x_1) 和温度 (x_2) 的函数的三维响应曲面

为了有助于目测响应曲面的形状，经常画出图 7-4 响应曲面的等高线。在等高线图形中，常数值的响应线画在 x_1，x_2 平面上，每一条等高线对应于响应曲面的一个特定高度。

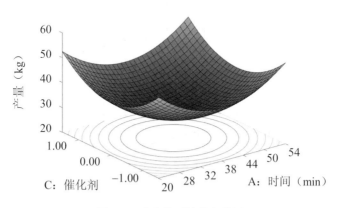

图 7-4　响应曲面的等高线图

在试验设计的初期，有许多因素需要考虑，各个因素的重要性在响应曲面研究的初始阶段无法分辨出来，此时需要筛选试验（screening experiment），剔除不重要的因素。这类试验一般可以采用因子设计、正交设计法或者均匀设计。一旦识别出来的重要因素只有少数几个，就可以将试验分成两个步骤。第一个步骤的主要目标是确定当前的试验条件或输入变量的水平是否接近响应曲面的最优位置，当试验条件部分远离曲面的最优位置时，常使用自变量某区域内的一阶模型（first-order model）来逼近。

$$y = \beta_0 + \sum_{i=1}^{m} \beta_i x_i + \varepsilon \qquad （7-2）$$

式中，β_i 表示 x_i 的斜率或线性效应。

能使（7-2）中的系数可以估计的设计或试验成为一阶设计 （first-order design）或一阶试验（first-order experiment）。

当试验区域接近响应曲面的最优区域或位于最优区域中，开始第二个步骤的试验，此时的目的是获得响应曲面在最优值周围的一个精确逼近并识别出最优试验条件或输入变量的最优水平组合。此时常采用二阶模型（second-order model）来逼近。

$$y = \beta_0 + \sum_{i=1}^{m} \beta_i x_i + \sum_{i=1}^{m} \beta_{ii} x_i^2 + \sum_{i<j}^{m} \beta_{ij} x_i x_j + \varepsilon \qquad （7-3）$$

式中，β_i 表示 x_i 的线性效应。

　　　β_{ii} 表示编码 x_i 的二阶效应。

　　　β_{ij} 表示编码 x_i 与 x_j 的交互作用效应。

能使（7-3）中的系数可以估计的设计或试验成为二阶设计 (second-order design) 或二阶试验 (second-order experiment)。

几乎所有的 RSM 问题都用一阶模型和二阶模型中的一个或两个。当然，一个多项式模型不可能在自变量的整个空间上都是真实函数关系的合理近似式，但在一个相对小的区域内通常做得很好。

7.2　一阶响应曲面设计

7.2.1　自然变量到规范变量的编码变换

响应曲面设计中诸多变量的变化范围可能各不相同，甚至有的自变量的范围差异极其悬殊。为方便统一处理，将所有的自变量进行一线性变换，即本书所说的编码变换。编码变换可以使因子区域都转化为中心在原点的"立方体"。进行编码变换更为重要的原因是，编码可以解决因量纲不同而给设计带来的麻烦。下面介绍编码方法。

设第 i 个变量 z_i 的实际变化范围是 $[z_{1i}, z_{2i}]$，$i = 1, 2, \cdots, m$，记区间的中心点为 $z_{0i} = (z_{1i} + z_{2i}) / 2$，区间的半长为 $\Delta_i = (z_{2i} - z_{1i}) / 2$，$i = 1, 2, \cdots, m$，进行如下 m 个线性变换：

$$x_i = \frac{z_i - z_{0i}}{\Delta_i} \quad i = 1, 2, \cdots, m \tag{7-4}$$

经过此编码变换后，可将变量 z_i 的实际变化范围$[z_{1i}, z_{2i}]$转换成新变量 x_i 的变化范围$[-1, 1]$。这样就将形如"长方体"的因子区域变换成中心在原点的"立方体"区域。

7.2.2　一阶响应曲面的正交设计

利用一个简单的例子，叙述一阶响应曲面的正交设计的步骤与数据的分析方法。这是通过简化方法，处理实际中遇到的一阶响应曲面的正交设计问题的过程。

例 7-1　硝基蒽醌中某物质的含量 y 与以下三个因素有关。

z_1：亚硝酸钠（单位为 g）；

z_2：大苏打（单位为 g）；

z_3：反应时间（单位为 h）。

为提高该物质的含量，需建立 y 与变量 z_1，z_2，z_3 的响应曲面方程。

利用二水平正交表安排试验，首先对其进行试验设计。

（1）确定每一个因素的变化范围并进行编码变换。

$$z_{1i} \leqslant z_i \leqslant z_{2i} \quad i = 1, 2, \cdots, m \tag{7-5}$$

在本例中 $m = 3$，称 z_{1i} 为因素 z_i 的下水平，z_{2i} 为其上水平，$z_{0i} = (z_{1i} + z_{2i})/2$ 为其零水平，$\Delta_i = (z_{2i} - z_{1i}) / 2$ 为因素的变化半径。式（7-4）中，x_i 为因素 z_i 的编码值。

因此可以得出本例中因素的水平和编码值表，见表 7-1 所列。

表 7-1　因素水平与编码值对应表

编码值	因素		
	z_1	z_2	z_3
上水平（+1）	9.0	4.5	3.0

（续表）

编码值	因素		
	z_1	z_2	z_3
下水平 (−1)	5.0	2.5	1.0
零水平 (0)	7.0	3.5	2.0
变化半径 (Δi)	2.0	1.0	1.0

称$(x_1, x_2, \cdots, x_m)$的取值空间为编码空间，可先建立y关于$x_1, x_2, \cdots, x_m$的响应曲面方程，再利用式（7-4）转化为y关于$z_1, z_2, \cdots, z_m$的方程。

（2）选择合适的正交表安排试验。

将每个因素的上水平与下水平看成因素的两个水平，选择合适的二水平正交表来安排试验，并将二水平正交表中的"1"与"2"分别改成"1"与"−1"，此处请注意顺序。如此一来，正交表中的两个水平不仅代表了因素水平的不同取值状态，还表示了水平的取值大小。此外，因素间的交互作用可以通过因素所在列的水平的乘积获得。例如，正交表$L_8(2^7)$被改造后变成表7-2，这样就不需要交互作用列表了。

表 7-2　改造后的 $L_8(2^7)$

试验号	列号						
	1	2	3	4	5	6	7
	x_1	x_2	x_1x_2	x_3	x_1x_3	x_2x_3	$x_1x_2x_3$
1	1	1	1	1	1	1	1
2	1	1	1	−1	−1	−1	−1
3	1	−1	−1	1	1	−1	−1
4	1	−1	−1	−1	−1	1	1
5	−1	1	−1	1	−1	1	−1
6	−1	1	−1	−1	1	−1	1

（续表）

试验号	列号						
	1	2	3	4	5	6	7
	x_1	x_2	x_1x_2	x_3	x_1x_3	x_2x_3	$x_1x_2x_3$
7	−1	−1	1	1	−1	−1	1
8	−1	−1	1	−1	1	1	−1

本例有 3 个因素，为今后可能需要考察因素间的交互作用方便起见，选用 $L_8(2^7)$ 正交表，将 3 个因素分别置于 1，2，4 列，从而可得试验方案表，并按试验方案进行试验。试验方案及试验结果见表 7-3 所列。

表 7-3　试验计划及试验结果

试验号	x_1(亚硝酸钠) / g	x_2(大苏打) / g	x_3(反应时间) / h	试验结果
1	1(9)	1(4.5)	1(3)	92.35
2	1(9)	1(4.5)	−1(1)	86.10
3	1(9)	−1(2.5)	1(3)	89.58
4	1(9)	−1(2.5)	−1(1)	87.05
5	−1(5)	1(4.5)	1(3)	85.70
6	−1(5)	1(4.5)	−1(1)	83.26
7	−1(5)	−1(2.5)	1(3)	83.95
8	−1(5)	−1(2.5)	−1(1)	83.38

至此，试验设计完成了，接下来对数据进行分析。

根据试验结果，采用回归分析中的最小二乘法估计出各回归系数，并对回归方程及回归系数进行显著性检验，最后得到响应曲面。

在本例中，$m=3$，$n=8$，试验结果的数学模型为

$$y_i = \beta_0 + \beta_1 x_{i1} + \beta_2 x_{i1} + \beta_3 x_{i1} + \varepsilon_i \quad i = 1, 2, \cdots, 8 \qquad （7\text{-}6）$$

式中，ε_1，ε_2，$\cdots$，ε_8 相互独立且服从分布 $N(O, \sigma^2)$，第一步需要求回归系数。

结构矩阵 $\boldsymbol{Z}$ 和观察向量 $\boldsymbol{y}$ 分别为

$$\boldsymbol{Z} = \begin{bmatrix} 1 & 1 & 1 & 1 \\ 1 & 1 & 1 & -1 \\ 1 & 1 & -1 & 1 \\ 1 & 1 & -1 & -1 \\ 1 & -1 & 1 & 1 \\ 1 & -1 & 1 & -1 \\ 1 & -1 & -1 & 1 \\ 1 & -1 & -1 & -1 \end{bmatrix}, \boldsymbol{y} = \begin{bmatrix} 92.35 \\ 86.10 \\ 89.58 \\ 87.05 \\ 85.70 \\ 83.26 \\ 83.95 \\ 83.38 \end{bmatrix} \tag{7-7}$$

$$\boldsymbol{Z}^{\mathrm{T}}\boldsymbol{Z} = \begin{pmatrix} 8 & 0 & 0 & 0 \\ 0 & 8 & 0 & 0 \\ 0 & 0 & 8 & 0 \\ 0 & 0 & 0 & 8 \end{pmatrix} = \begin{pmatrix} d_0 & 0 & 0 & 0 \\ 0 & d_1 & 0 & 0 \\ 0 & 0 & d_2 & 0 \\ 0 & 0 & 0 & d_3 \end{pmatrix} \tag{7-8}$$

$$\boldsymbol{Z}^{\mathrm{T}}\boldsymbol{y} = \begin{pmatrix} B_0 \\ B_1 \\ B_2 \\ B_3 \end{pmatrix} = \begin{pmatrix} 601.37 \\ 18.79 \\ 3.45 \\ 11.79 \end{pmatrix} \tag{7-9}$$

β 的最小二乘估计为

$$\hat{\beta} = \begin{pmatrix} \hat{\beta}_0 \\ \hat{\beta}_1 \\ \hat{\beta}_2 \\ \hat{\beta}_3 \end{pmatrix} = \left(\boldsymbol{Z}^{\mathrm{T}}\boldsymbol{Z} \right)^{-1} \boldsymbol{Z}^{\mathrm{T}}\boldsymbol{y} = \begin{pmatrix} \dfrac{B_0}{d_0} \\ \dfrac{B_0}{d_1} \\ \dfrac{B_0}{d_2} \\ \dfrac{B_0}{d_3} \end{pmatrix} = \begin{pmatrix} 86.42 \\ 2.35 \\ 0.43 \\ 1.47 \end{pmatrix} \tag{7-10}$$

可以求得关于 x_1，x_2，x_3 的响应曲面方程为

$$\hat{y} = 86.42 + 2.35x_1 + 0.43x_2 + 1.47x_3 \qquad （7\text{-}11）$$

由于正交表的正交性，$\boldsymbol{Z}$ 矩阵除第 1 列外，每列元素之和为 0，而矩阵中任意两列对应元素的乘积和也为 0，从而使 $\boldsymbol{Z}^{\mathrm{T}}\boldsymbol{Z}$ 为对角矩阵，此为正交设计的实质。记 $\boldsymbol{Z}$ 第一列的元素为 $x_{i0} = 1$，$i = 1, 2, \cdots, n$，各列元素的平方和为 d_j，即

$$d_j = \sum_{j=1}^{n} x_{ij}^2 \quad i = 1, 2, \cdots, m \qquad （7\text{-}12）$$

那么 $\boldsymbol{Z}^{\mathrm{T}}\boldsymbol{Z}$ 便是以 d_i 为对角元的 $(p + 1)$ 阶对角阵，其逆是以 $1 / d_j$ 为对角元的对角阵，再记 $\boldsymbol{Z}^{\mathrm{T}}\boldsymbol{y}$ 的元素为 B_j，即

$$B_j = \sum_{i=1}^{n} x_{ij} y_i \quad i = 1, 2, \cdots, m \qquad （7\text{-}13）$$

则得回归系数的最小二乘估计的表达式为

$$\hat{\beta}_j = \frac{B_j}{d_j} \quad j = 1, 2, \cdots, m \qquad （7\text{-}14）$$

计算可以用一个表统一来完成，见表 7-4 所列。

表 7-4　一阶响应曲面分析计算表

试验号	x_0	x_1	x_2	x_3	y_i
1	1	1	1	1	92.35
2	1	1	1	−1	86.10
3	1	1	−1	1	89.58

（续表）

试验号	x_0	x_1	x_2	x_3	y_i
4	1	1	−1	−1	87.05
5	2	−1	1	1	85.70
6	2	−1	1	−1	83.26
7	2	−1	−1	1	83.95
8	2	−1	−1	−1	83.38
B_j	691.37	18.79	3.45	11.79	$\sum y_i^2 = 59\,820.56$
d_j	8	8	8	8	$l_{yy} = \sum y_i^2 - n\bar{y}^2 = 73.23$
$\hat{\beta}_j = \dfrac{B_j}{d_j}$	86.42	2.35	0.43	1.47	$U = \sum_{j=1}^{3} U_j = 63$
$U_j = \dfrac{B_j^2}{d_j}$	59\,749.06	44.13	1.49	17.38	$f_U = 3$ $Q = l_{yy} - U = 8.50$ $f_Q = 4$
$F_j = \dfrac{U_j}{Q_E}$		20.77	0.70	8.018	$F = \dfrac{U/f_U}{Q_e/f_{Q_e}} = 9.88$ $\bar{Q}_e = Q_e/f_{Q_e}$

第二步为对响应曲面方程进行显著性检验。

响应曲面方程的显著性检验相当于检验假设。

H_0：$\beta_1 = \beta_2 = \cdots = \beta_m = 0$，$H_{1:}$：$\beta_1$，$\beta_2$，$\cdots$，$\beta_m$ 中至少有一个不为零。

与多元回归分析一样，可以采用如下统计量：

$$F = \frac{U/f_U}{Q_e/f_{Q_e}}\qquad(7\text{-}15)$$

式中，U 为回归平方和；

f_U 为其自由度；

Q_E 为残差平方和；

f_{Q_e} 为相应的自由度。

其表达式分别为

$$U = \sum_{j=1}^{m} \hat{\beta}_j l_{jy} = \sum_{j=1}^{m} \hat{\beta}_j B_j = \sum_{j=1}^{m} \frac{B_j^2}{d_j}$$

$$f_U = m$$

$$l_{jy} = \sum_{i=1}^{n} \left(x_{ij} - \overline{x}_j \right) \left(y_j - \overline{y} \right) = \sum_{i=1}^{n} x_{ij} y_j = B_j \qquad (7\text{-}16)$$

$$Q_e = \sum_{i=1}^{n} \left(y_i - \hat{y}_i \right)^2 = l_{yy} - U$$

$$l_{yy} = \sum_{i=1}^{n} \left(y_i - \overline{y}_i \right)^2 = \sum_{i=1}^{n} y_i^2 - n\overline{y}^2$$

$$f_{Q_e} = n - m - 1$$

如果 $F > F_\alpha(f_U , f_{Q_e})$，则认为响应曲面方程是有意义的；若 $F \leqslant F_\alpha(f_U , f_{Q_e})$，则认为响应曲面方程不显著。

在本例中，$n = 8$，$m = 3$，从式（7-16）中可以知道：

$$l_{yy} = \sum_{i=1}^{n} y_i^2 - n\overline{y}^2 = 59\ 820.56 - 8 \times 86.42^2 = 73.23, f_T = 8 - 1 = 7 \qquad (7\text{-}17)$$

$$U = 2.35 \times 18.79 + 0.43 \times 3.45 + 1.47 \times 11.79 = 63, f_U = 3 \qquad (7\text{-}18)$$

$$Q_e = 71.50 - 63 = 8.50, f_{Q_e} = 7 - 3 = 4 \qquad (7\text{-}19)$$

因此有

$$F = \frac{U / f_U}{Q_e / f_{Q_e}} = \frac{63 / 3}{8.50 / 4} 9.88 > F_{0.05}(3,4) = 6.59 \qquad (7\text{-}20)$$

这说明上述求得的响应曲面方程显著，以上计算在表 7-4 中同样有反映。

第三步为回归系数的显著性检验。

在响应曲面分析中，为检验 x_j 的系数 β_j 是否为 0，采用统计量

$$F_j = \frac{U_j}{\overline{Q}_e} \quad j = 1, 2, \cdots, m \tag{7-21}$$

式中，$\overline{Q}_e = Q_e / f_{Q_e}$，$U_j$ 是因素 x_j 的偏回归平方和，其计算公式为

$$U_j = \frac{\hat{\beta}_j^2}{c_{jj}} = \frac{B_j^2}{d_j} \quad j = 1, 2, \cdots, m \tag{7-22}$$

式中，c_{jj} 是 $\boldsymbol{Z}^{\mathrm{T}}\boldsymbol{Z}$ 的逆矩阵中的对角元，在一次响应曲面的正交设计中，$c_{jj} = 1 / d_j$，当 $F_j > F_\alpha(1, f_E)$ 时，认为因素 x_j 显著，否则认为因素不显著，可以从响应曲面方程中将它删去，而其他因素的回归系数不变。

在本例中，$U_1 = 44.13$，$U_2 = 1.49$，$U_3 = 17.38$，而 $\overline{Q}_e = 8.50 / 4 = 2.125$，计算得

$$F_1 = \frac{44.13}{2.125} = 20.77$$
$$F_2 = \frac{1.49}{2.125} = 0.70 \tag{7-23}$$
$$F_3 = \frac{17.38}{2.125} = 8.18$$

对于 $\alpha = 0.05$，$F_{0.05}(1, 4) = 7.71$，所以因素 x_2 不显著，其他因素显著。将 x_2 从响应曲面方程中删去，最后求得各因素的响应曲面方程：

$$\hat{y} = 86.42 + 2.35 x_1 + 1.47 x_3 \tag{7-24}$$

将编码式 $x_1 = (z_1 - 7) / 2$ 和 $x_3 = z_3 - 2$ 代入 y 关于 z_1, z_3 的响应曲面方程：

$$\hat{y} = 86.42 + 2.35 \times \frac{z_1 - 7}{2} + 1.47(z_3 - 2) \tag{7-25}$$
$$= 72.55 + 1.175z_1 + 1.47z_3$$

从该方程可以知道，当 z_1，z_3 增加时，y 会相应增加。

经过相关输入并分析，可以在 Minitab 的会话窗口得到结果，表 7-5～表 7-7 为一阶响应曲面设计的 Minitab 软件计算结果。其中，响应曲面回归：定义响应是 R 与 A，B，C 分析使用已编码单位进行的。

表 7-5　一阶响应曲面设计 R 的估计回归系数

项	系数	系数标准误	T	P
常量	86.4213	0.5154	167.682	0.000
A	2.3487	0.5154	4.557	0.010
B	0.4313	0.5154	0.837	0.450
C	1.4738	0.5154	2.860	0.046

其中，$S = 1.457\,73$，$PRESS = 33.9998$，$R - Sq = 88.11\%$，$R - Sq$（预测）$= 52.45\%$，$R - Sq$（调整）$= 79.19\%$

表 7-6　一阶响应曲面设计 R 的方差分析

来源	自由度	$Seq\ SS$	$Adj\ SS$	$Adj\ MS$	F	P
回归	3	62.9963	62.9963	20.9988	9.88	0.025
线性	3	62.9963	62.9963	20.9988	9.88	0.025
A	1	44.1330	44.1330	44.1330	20.77	0.010
B	1	1.4878	1.4878	1.4878	0.70	0.450
C	1	17.3755	17.3755	17.3755	8.18	0.046
残差误差	4	8.4999	8.4999	2.1250		
合计	7	71.4963				

表 7-7　一阶响应曲面设计 R 的估计回归系数，使用未编码单位的数据

项	系数
常量	86.421 30
A	2.348 75
B	0.431 25
C	1.473 75

计算结果主要包括常量及 A，B，C 的回归系数，A，B，C 分别表示 x_1，x_2，x_3，回归系数 A，B，C 的 F 检验值，回归方程的 F 检验值（9.88）。从回归方程的显著性概率 P 为 0.025 可以知道，在显著性水平为 0.05 时方程显著。

通过分析回归系数的 F 检验值及显著性概率 P，可以知道因素 x_2 不显著，从响应曲面方程中删去时，在 Minitab 软件中操作只需要在选项里删除 B 即可。

使用 z_1，z_2 和 z_3 自然变量来进行响应曲面分析，则在 Minitab 软件会话窗口得到的结果见表 7-8 和表 7-9 所列。通过该方法得到因素的回归系数，可以直接判断因子与响应值 y 的关系。响应曲面回归：响应 R 与 x_1，x_3 分析是使用未编码单位进行的。

表 7-8　使用自然变量进行分析 R 的估计回归系数

项	系数	系数标准误	T	P
常量	75.253	2.0754	36.260	0.000
x_1	11	0.2498	4.700	0.005
x_3	1.474	0.4997	2.949	0.032

其中，$S = 1.41335$，$PRESS = 25.5687$，$R - Sq = 86.03\%$，$R - Sq$（预测）$= 64.24\%$，$R - Sq$（调整）$= 80.44\%$

表 7-9 使用自然变量进行分析 R 的方差分析

来源	自由度	Seq SS	Adj SS	Adj MS	F	P
回归	2	61.509	61.509	30.754	15.40	0.007
线性	2	61.509	61.509	30.754	15.40	0.007
x_1	1	44.133	44.133	44.133	22.09	0.005
x_3	1	17.376	17.376	17.376	8.70	0.032
残差误差	5	9.988	9.988	1.998		
失拟	1	4.162	4.162	4.162	2.86	0.166
纯误差	4	5.826	5.826	1.457		
合计	7	71.496				

7.2.3 最速上升法

一阶响应曲面设计经常用于系统最优运行条件的初步估计，这主要是因为初期试验条件常常远离实际的最优点。在这种情况下，试验者的目的是要快速地进入最优点的附近区域。试验者希望利用既简单又经济有效的试验方法来解决问题，当远离最优点时，通常假定在 x 的一个小范围内其一阶模型是真实曲面的合适近似。简单来说，如果试验目标是在当前试验区域内对 η 有个大致了解并想找出进一步改进的方向，那么采用一阶响应曲面设计就足够了。例如，产率与时间和温度的等高线图（图 7-5）中，可以利用箭头来表示可能提高产率的方向。

最速上升法是沿着最速上升的路径，即响应有最大增量的方向逐步移动的方法。如果求最小响应值，则称为最速下降法。最速上升法拟合出来的一阶模型是

$$\hat{y} = \hat{\beta}_0 + \sum_{i=1}^{m} \hat{\beta}_i x_i \tag{7-26}$$

与一阶响应曲面相应的 $\hat{y}$ 的等高线，是一组平行直线，如图 7-5 所示。

最速上升的方向就是 $\hat{y}$ 增加得最快的方向，这一方向平行于拟合响应曲面等高线的法线方向。通常取通过感兴趣区域的中心并且垂直于拟合曲面等高线的直线为最速上升路径。这样一来，沿着路径的步长就和回归系数 β_i 成正比。实际的步长大小是由试验者根据经验或其他的实际考虑来确定的。

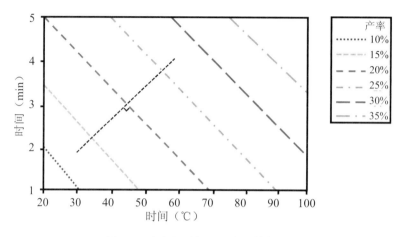

图 7-5　产率与时间和温度的等高线图

首先，试验是沿着最速上升的路径进行的，直到观测到的响应不再增加为止。其次，拟合一个新的一阶模型，确定一条新的最速上升路径，继续按上述方法进行。最后，试验者到达最优点的附近区域。这通常由一阶模型的失拟来指出。这时，进行添加试验会求得最优点的更为精确的估计。

例 7-2　某化工产品的收率受到两个可控变量的影响：反应温度和反应时间，拟合一阶模型的搜索区间是反应时间 (30，40) 分钟，反应温度为 (150，160) °F。为简化计算，将自变量规范在 (−1，1) 区间内，如果记 z_1 为自然变量时间，z_2 为自然变量温度，则规范变量是

$$x_1 = \frac{z_1 - 35}{5}, x_2 = \frac{z_2 - 155}{5} \qquad (7\text{-}27)$$

工程师当前使用的操作条件：反应时间 35 min，温度为 155 °F，产率约为 40%。试验设计列在表 7-10 中。用来收集这些数据的设计是增加 5 个中

心点的 2^2 因子设计，在中心点处的重复试验用于估计试验误差，并可以用于检测一阶模型的合适性，且当前的运行条件也就在设计的中心点处。

表 7-10　拟合-阶模型的过程数据

自然变量		规范变量		响应
z_1	z_2	x_1	x_2	y
30	150	−1	−1	39.3
30	160	1	−1	40.0
40	150	−1	1	40.9
40	160	1	1	41.5
35	155	0	0	40.3
35	155	0	0	40.5
35	155	0	0	40.7
35	155	0	0	40.2
35	155	0	0	40.6

使用最小二乘法，利用已编码单位即规范变量以 阶模型来拟合这些数据，用二水平设计的方法，可求得以下响应曲面方程：

$$\hat{y} = 40.000 + 0.775x_1 + 0.325x_2 \tag{7-28}$$

在沿着最速上升路径探测之前，应研究一阶模型的适合性。有中心点的 2^2 设计使试验者能够：

（1）求出误差的一个估计量；

（2）检测模型中的交互作用即交叉乘积项是否显著；

（3）检测二次效应是否显著（弯曲性）。

中心点处的重复试验观测值可用于计算误差的估计量：

$$S_0^2 = \sum_{j=1}^{5}(y_{0j} - \bar{y}_0)^2$$

$$= (40.3)^2 + (40.5)^2 + (40.7)^2$$

$$+ (40.2)^2 + (40.6)^2 - \frac{(202.3)^2}{5} \qquad (7\text{-}29)$$

$$= 0.1720$$

$$\hat{\sigma}^2 = \frac{S_0^2}{f} = \frac{0.172}{4} = 0.0430 \qquad (7\text{-}30)$$

变量 x_1 与 x_2 的交互作用 x_1x_2 的系数 β_{12} 的估计值为

$$\hat{\beta}_{12} = \frac{1}{4}\big[(1 \times 39.3) + (1 \times 41.5) + (-1 \times 40.0) + (-1 \times 40.9)\big] = -0.025 \qquad (7\text{-}31)$$

交互作用的平方和为

$$S_{x_1x_2}^2 = \frac{(-0.1)^2}{4} = 0.0025 \qquad (7\text{-}32)$$

比较二者，给出下列失拟统计量：

$$F_{x_1x_2}' = \frac{s_{x_1x_2}^2}{\hat{\sigma}^2} = \frac{0.0025}{0.0430} = 0.058 < F_{0.05}(1,4) = 7.71 \qquad (7\text{-}33)$$

因此，交互作用不显著，可以忽略。

对一次响应面模型的另一个检验是比较设计的四个试验点处的平均响应，即 $\bar{y}_f = 40.025$ 与在编码区域中心点处的平均响应，即 $\bar{y}_0 = 40.46$ 之间的差异。如果试验点位于曲面上，则 $\bar{y}_f - \bar{y}_0$ 是曲面曲率的度量。用 β_{11} 和 β_{22}

分别表示"纯二次"项 x_1^2 与 x_2^2 的系数，则 $\overline{y}_f - \overline{y}_0$ 是 $\beta_{11} + \beta_{22}$ 的一个估计量，对本例来说，

$$
\begin{aligned}
\hat{\beta}_{11} + \hat{\beta}_{22} &= \overline{y}_f - \overline{y}_0 \\
&= 40.425 - 40.46 = -0.0355
\end{aligned}
\tag{7-34}
$$

检验假设

$$
H_0 : \beta_{11} + \beta_{22} = 0, H_1 : \beta_{11} + \beta_{22} \neq 0
\tag{7-35}
$$

由于纯二次效应的离差平方和为

$$
\begin{aligned}
S_{\text{纯二次}}^2 &= \frac{n_f n_0 (\overline{y}_f - \overline{y}_0)}{n_f + n_0} \\
&= \frac{4 \times 5 \times (-0.035)^2}{4 + 5} = 0.0027
\end{aligned}
\tag{7-36}
$$

式中，n_f 与 n_0 分别是正交试验及中心点处试验点的个数。

若 II_0 成立，可以证明：

$$
F_{\text{纯二次}} = \frac{S_{\text{纯二次}}^2}{\hat{\sigma}^2} \sim F(1, 4)
\tag{7-37}
$$

计算可得

$$
\begin{aligned}
F_{\text{纯二次}} &= \frac{0.0027}{0.0430} = 0.063 \\
&< F_{0.05}(1, 4) = 7.71
\end{aligned}
\tag{7-38}
$$

因此纯二次效应不显著。对回归方程进行检验：

$$F = \frac{U/2}{Q_E/f_E} = \frac{2.8250/2}{0.1772/6} = 47.83$$

（7-39）

$$> F_{0.05}(1,6) = 5.99$$

从上式可以知道，总回归方程的 F 检验是显著的，因此模型式（7-28）是合适的。将此模型的方差分析概括在表 7-11 中。交互作用和弯曲性的检验都不显著，因此一阶模型的合适性是可信的。

表 7-11　一阶模型的方差分析

方差来源	平方和	自由度	均方和	F 值	P 值
回归	2.8250	2	2.8250	47.82	0.000
残差误差	0.1772	6	0.1772		
(交互作用)	(0.0025)	1	0.0025	0.058	0.821
(纯二次)	(0.0027)	1	0.0027	0.063	0.814
(纯误差)	(0.1720)	4	0.0430		
合计	3.002	8			

要离开设计中心点 $(x_1 = 0, x_2 = 0)$ ——沿最速上升路径移动，对应于沿 x_2 方向每移动 0.325 个单位，则应沿 x_1 方向移动 0.775 个单位。于是，最速上升路径经过点 $(x_1 = 0, x_2 = 0)$ 且斜率为 0.325 / 0.775。工程师决定用 5 分钟反应时间作为基本步长。由 z_1 与 x_1 之间的关系式，知道 5 分钟反应时间等价于规范变量 $\Delta x_1 = 1$。因此，沿最速上升路径的步长是 $\Delta x_1 = 1.00$ 和 $\Delta x_2 = (0.325 / 0.775) \Delta x_1 = 0.42$。

工程师计算了沿此路径的点，并观测了在这些点处的产率，直至响应有下降为止。其结果见表 7-12 所列，表中既列出了规范变量，也列出了自然变量。显然规范变量在数学上容易计算，但在过程运行中必须用自然变量。

表 7-12 最速上升试验

步长	自然变量		规范变量		响应 y
	z_1	z_2	x_1	x_2	
原点	0	0	35	155	
Δ	1.00	0.42	5	2	
原点+Δ	1.00	0.42	40	157	41.0
原点+2Δ	2.00	0.84	45	159	42.9
原点+3Δ	3.00	1.26	50	161	47.1
原点+4Δ	4.00	1.68	55	163	49.7
原点+5Δ	5.00	2.10	60	165	53.8
原点+6Δ	6.00	2.52	65	167	59.9
原点+7Δ	7.00	2.94	70	169	65.0
原点+8Δ	8.00	3.36	75	171	70.4
原点+9Δ	9.00	3.78	80	173	77.6
原点+10Δ	10.00	4.20	85	175	80.3
原点+11Δ	11.00	4.62	90	177	76.2
原点+12Δ	12.00	5.04	95	179	75.1

图 7-6 画出了沿最速上升路径的每一步骤的产率图。一直到第 10 步所观测到的响应都是增加的；但是，这以后的每一步收率都是减少的。因此，另一个一阶模型应该在点 ($z_1 = 85$，$z_2 = 175$) 的附近区域进行拟合。

一个新的模型点在 ($z_1 = 85$，$z_2 = 175$) 的邻域进行拟合，探测的区域对 z_1 是[80, 90]，对 z_2 是[170, 180]，于是规范变量为

$$x_1 = \frac{z_1 - 85}{5}, x_2 = \frac{z_2 - 175}{5} \qquad (7\text{-}40)$$

再用 5 个中心点的 2^2 设计，数据见表 7-13 所列。

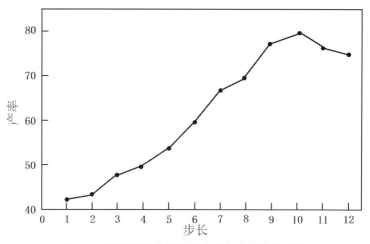

图 7-6 沿最速上升路径的产率与步长的关系图

表 7-13 第 2 个一阶模型的数据

自然变量		规范变量		响应
z_1	z_2	x_1	x_2	y
80	170	−1	−1	76.5
90	170	1	−1	77.0
80	180	−1	1	78.0
90	180	1	1	79.5
85	175	0	0	79.9
85	175	0	0	80.3
85	175	0	0	80.0
85	175	0	0	79.7
85	175	0	0	79.8

拟合表 7-13 的规范数据的一阶模型为

$$\hat{y} = 78.9667 + 1.00x_1 + 0.50x_2 \tag{7-41}$$

对模型（7-41）进行方差分析，交互作用及二次效应检验见表 7-14 所列，表明该一阶模型是不合适的拟合。真实曲面的弯曲性指明了已接近最优点，为更精细地确定最优点，在该点必须做进一步的分析。

表 7-14　第 2 个一阶模型的方差分析

方差来源	平方和	自由度	均方和	F 值	P 值
回归	5.0000	2			
残差	11.1200	6			
（交互作用）	0.2500	1	0.2500	4.72	0.096
（纯二次）	10.6580	1	10.6580	201.09	0
（纯误差）	0.2120	4	0.0530		
合计	16.1200	8			

通过上述例子可以发现，最速上升路径与拟合的一阶模型的回归系数的符号和大小成比例。可以给出一个一般算法，以确定最速上升路径上点的坐标。假定 $x_l = x_2 = \cdots = x_k = 0$ 是基点或原点，则

（1）选取一个过程变量的步长，如 Δx_j。通常，选取最了解的变量，或选取其回归系数的绝对值 $\left| \hat{\beta}_j \right|$ 最大的变量。

（2）其他变量的步长为

$$\Delta x_i = \frac{\hat{\beta}_i}{\hat{\beta}_j / \Delta x_j} \quad i = 1, 2, \cdots, k; i \neq j \tag{7-42}$$

（3）将规范变量的 Δx_j 转换至自然变量。

以此来说明例 7-1 的最速上升路径的计算。因为 x_1 有最大的回归系数，选取反应时间作为上述方法的步骤（2）中的变量。根据工序知识来确定反应时间的步长，为 5 分钟。用规范变量的说法，也就是 $\Delta x_1 = 1.0$，因此，由步骤（2）可知，温度的步长：

$$\Delta x_2 = \frac{\hat{\beta}_2}{\hat{\beta}_1 / \Delta x_1}$$

$$= \frac{0.325}{0.775/1.0} = 0.42 \tag{7-43}$$

为了将规范步长 $(\Delta x_1 = 1.0, \Delta x_2 = 0.42)$ 转换为时间和温度的自然单位，用关系式：

$$\Delta x_1 = \frac{\Delta z_1}{5}, \ \Delta x_2 = \frac{\Delta z_2}{5} \tag{7-44}$$

其结果为

$$\Delta z_1 = 5 \times \Delta x_1 = 5 \times 1.0 = 5 \text{ min}$$
$$\Delta z_2 = 5 \times \Delta x_2 = 5 \times 0.42 = 2 \text{ }^\circ\text{F} \tag{7-45}$$

7.3　二阶响应曲面设计与分析

一般说来，当试验安排接近最优点时，需要用一个具有弯曲性的模型来逼近响应，在大多数情况下，如下的二阶模型是合适的：

$$y = \beta_0 + \sum_{i=1}^{m} \beta_i x_i + \sum_{i=1}^{m} \beta_{ii} x_i^2 + \sum_{i<j}^{m} \beta_{ij} x_i x_j + \varepsilon \tag{7-46}$$

目前，响应曲面分析的试验设计主要包括中心复合设计 (central composite design)、BOX 设计 (box-behnken design)、二次饱和 D-最优设计 (d-optimal design)、均匀设计 (uniform design) 等。

本节介绍最常用的二阶响应曲面的试验设计与统计分析方法，有中心复合设计和 BOX 两种。

7.3.1　二阶响应曲面的中心复合设计

前面讲解了 2^k 因子设计，在利用二水平因子设计时，需要注意的问题是因子效应的线性假定。一般情况下，线性假定仅仅相当近似地成立。需要注意，如果在主效应即一阶模型中增加交互作用项和纯二次项，就需要采用能够模拟响应曲面弯曲性的模型。2^k 因子设计中，重复某些点的方法将提供针对来自二阶效应的弯曲性的保护，并可得到一个独立的误差估计。这一方法由在 2^k 因子设计中加进中心点而构成，在中心点处做 m_0 次重复试验。在设计中心处加进重复试验的一条重要的理由是，中心点不影响 2^k 因子设计中通常的效应估计量。

对于 2^k 因子设计的情形，若弯曲性检验是显著的，则只能假定二阶模型，如

$$y = \beta_0 + \beta_1 x_1 + \beta_2 x_2 + \beta_{12} x_1 x_2 + \beta_{11} x_1^2 + \beta_{22} x_2^2 + \varepsilon \qquad (7\text{-}47)$$

可以看出，此时有 6 个参数要估计，而对于加上中心点的 2^2 因子设计也只有 5 个独立试验，因此不能在该模型中估计未知参数 (β)。

解决这个问题的简单且高效的方法是在 2^2 因子设计中增加 4 个轴试验，如图 7-7（a）所示的 $k = 2$ 情形得到的设计，称为中心复合设计 (central composite design)。中心复合设计法可以用于拟合二阶响应曲面模型。

中心复合设计是在编码空间中选择几类具有不同特点的试验点，适当组合起来形成的试验方案。中心复合设计由 3 类不同的试验点构成：

$$N = m_c + m_r + m_0 \qquad (7\text{-}48)$$

式中，m_c 为各因素均取二水平 (+1，−1) 的全面试验点；$m_r = 2m$ 为分布在 m 个坐标轴上的星号点，它们与中心点的距离 r 称为星号臂，r 为待定参数，调节 r 可以得到所期望的优良性，如正交性、旋转性等；m_0 为各因素均取零水平的试验点即中心点，它无严格限制，一般而言，$m_0 \geqslant 3$。

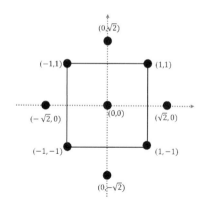

（a）$k=2$，$\alpha=\sqrt{2}$ 时

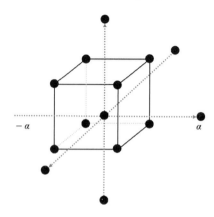

（b）$k=3$，$\alpha=1.682$ 时

图 7-7　中心复合设计

$m=2$，$m_0=4$ 时的中心复合设计试验方案见表 7-15 所列。

表 7-15　$m=2$，$m_0=4$ 时的中心复合设计方案

试验号	x_1	x_2	试验点类别
1	-1	-1	
2	1	-1	$m_c=2^m=4$
3	-1	1	
4	1	1	
5	-1.41	0	

试验号	x_1	x_2	试验点类别
6	1.41	0	$m_r = 2m = 4$
7	0	−1.41	
8	0	1.41	
9	0	0	$m_0 = 4$
10	0	0	
11	0	0	
12	0	0	

利用中心复合设计编制试验方案，既能全面满足试验要求，大大减少试验次数，还能使二次设计在一次设计的基础上进行，充分利用一次设计所提供的信息。若一次响应曲面不显著，只需要添加距离中心点为 r 的臂长点，试验构成组合设计后，就可以求得二次响应曲面方程，这既方便了试验者，又符合节约的原则。

在组合设计中，安排 2^m 个 m_c 试验点，主要是为了求取因素的一次项和交互作用的系数，共有 $L = C_m^1 + C_m^2$ 个系数；当 $m > 4$ 时，若仍取 $m_c = 2^m$，由于 L 远小于 m_c，则试验造成的剩余自由度 f_R 增多，不利于试验者。为此可以对试验总量进行 $\lambda = 1/2^i$ 的部分实施，此时必须满足

$$m_c = \lambda \times 2^m \geqslant L = C_m^1 + C_m^2 \qquad (7\text{-}49)$$

式中，m_c 为能安排下 L 个因素和交互作用的正交表的试验次数。

例如，当 $m = 6$ 时，若安排 $2^m = 64$ 个试验点，不利于试验进行。此时，可以取 $\lambda = 1/2$，则 $m_c = \lambda \times 2^m = 32 > L = C_6^1 + C_6^2 = 21$，选用 $L_{32}(2^{31})$ 能安排下 L 个因素和交互作用。

$m = 3$，$m_0 = 5$ 时的中心复合设计试验方案见表 7-16 所列。

表 7-16　$m=3$，$m_0=5$ 时的中心复合设计方案

试验号	x_1	x_2	x_3	试验点类别
1	−1	−1	−1	
2	1	−1	−1	
3	−1	1	−1	
4	1	1	−1	$m_c=2^m=8$
5	−1	−1	1	
6	1	−1	1	
7	−1	1	1	
8	1	1	1	
9	−1.68	0	0	
10	1.68	0	0	
11	0	−1.68	0	$m_r=2m=6$
12	0	1.68	0	
13	0	0	−1.68	
14	0	0	1.68	
15	0	0	0	
16	0	0	0	
17	0	0	0	$m_0=5$
18	0	0	0	
19	0	0	0	

　　Design-Expert 试验设计软件中具有专门进行中心复合设计的模块，使用该软件来进行中心复合设计是最方便和高效的。

　　中心复合设计包括通用旋转组合设计和二次正交组合设计。下面对中心复合设计的正交性和旋转性进行说明。

　　如果一个设计具有正交性，则数据分析将是非常方便的。又由于响应曲面的系数的估计间互不相关，因此删除某些因素时不会影响其他的模型参数的估计，从而很容易写出所有显著因素的响应曲面方程。为使二次响

应曲面设计具有正交性，当 $m = 2$ 时，$\boldsymbol{Z}^{\mathrm{T}}\boldsymbol{Z}$ 矩阵为

$$\boldsymbol{Z}^{\mathrm{T}}\boldsymbol{Z} = \begin{pmatrix} N & 0 & 0 & 0 & 0 & 0 \\ 0 & e & 0 & 0 & 0 & 0 \\ 0 & 0 & e & 0 & 0 & 0 \\ 0 & 0 & 0 & m_c & 0 & 0 \\ 0 & 0 & 0 & 8 & s_n & g \\ 0 & 0 & 0 & 8 & g & s_{22} \end{pmatrix} \tag{7-50}$$

此处

$$g = \left(1 - \frac{e}{N}\right)^2 m_c + \left(r^2 - \frac{e}{N}\right)\left(-\frac{e}{N}\right) + 4\left(-\frac{e}{N}\right)(N - m_c - 4) \tag{7-51}$$

为了使设计成为正交的，只有设法使 $g = 0$。由于 g 中的 m_c 是给定的，$e = m_c + 2r^2$，$N = m_c + m_r + m_0$，在给定了 m_0 后，g 仅为 r 的函数，因此可以适当选择 r，使 g 为零。对于不同的 m 值及设计方案以及不同的 m_0 值，求得的 r 值见表 7-17 所列。

表 7-17　二次回归正交组合设计试验点设置常用 r 值

m_0	$m = 2$	$m = 3$	$m = 4$	$m = 5$（1/2 实施）
1	1.000	1.215	1.414	1.546
2	1.077	1.285	1.483	1.606
3	1.148	1.353	1.546	1.664
4	1.214	1.414	1.606	1.718
5	1.267	1.471	1.664	1.772

旋转设计就是距离试验领域中心相同距离的两个点具有相同的预测分散值的设计。由于二次设计针对全体试验领域获得稳定的预测分散分布是十分重要的，需要旋转性的原因在于从试验领域获得稳定的预测分散，从

而提高效应变量预测值的信赖性。二水平因子设计和部分实施满足旋转性，虽然 3^k 因子设计在三水平针对各个因子进行试验时可以获得因子的效应，但是其缺点是无法满足试验设计应具备的重要性质即旋转性。3^k 因子设计的大小随着 k 的增加而迅速增加，随着因子数的增加 $(k \geq 4)$，试验次数远远超出其他的优化试验设计，因而客观地来讲，因子数超过 4 就无法采用 3^k 因子设计。

二次响应曲面组合设计的旋转性条件为

$$\sum_{i=1}^{N} x_{ij}^2 = \lambda_2 N \quad j = 1, 2, \cdots, p$$
$$\sum_{i=1}^{N} x_{ij}^4 = 3 \sum_{i=1}^{N} x_{ij}^2 x_{ik}^2 = 3\lambda_4 N \quad j \neq k, j, k = 1, 2, \cdots, p \tag{7-52}$$

式中，λ_2 与 λ_4 可以根据具体的设计确定，在二次响应曲面的组合设计中

$$\sum_{i=1}^{N} x_{ij}^2 = m_c + 2r^2 = \lambda_2 N$$
$$\sum_{i=1}^{N} x_{ij}^4 = m_c + 2r^4 = 3\lambda_4 N \tag{7-53}$$
$$\sum_{i=1}^{N} x_{ij}^2 x_{ik}^2 = m_c = \lambda_4 N$$

因此可以知道，若设计具有旋转性，则必然要求：

$$r^A = m_c \tag{7-54}$$

二次响应曲面的旋转设计可以分为两种情况：一种是要求二次响应曲面的组合设计具有正交性，即二次响应曲面正交旋转组合设计；另一种是二次响应曲面通用旋转组合设计。

当要求二次响应曲面的组合设计具有正交性时，可以根据式（7-51）给出的 g，令 $g = 0$，解出 m_0。因为在 g 的表达式中，m_c 是给定的，当 r 确定后，从而 g 只是 m_0 的函数，可以从中确定 m_0。如果所得的 m_0 是整数，则所得设计为正交旋转设计；如果所得的解不是整数，则取最接近的整数，这时设计是近似正交的旋转设计。二次响应曲面的正交旋转组合设计的参数见表 7-18 所列。

表 7-18　二次响应曲面正交旋转组合设计参数

因素数与方案	m_c	r	m_0	N
$p = 2$	4	1.414	8	16
$p = 3$	8	1.682	9	23
$p = 4$	16	2.000	12	36
$p = 5$	32	2.378	17	50
$p = 5$（1/2 实施）	16	2.000	10	36

　　二次响应曲面的组合设计具有通用性，是指在与中心距离小于 1 的任意点$(x_1, x_2, \cdots, x_p)$上，预测值的方差近似相等。由于一个旋转设计各点预测值的方差仅与到中心的距离有关，若设 $\rho^2 = \sum_{j=1}^{p} x_j^2$，则 $\mathrm{Var}[\hat{y}(x_1, x_2, \cdots, x_p)] = f(p)$。当通用设计要求 $\rho < 1$ 时，$f(\rho)$ 基本上为一个常数。根据这一要求，可以利用数值的方法来确定 m_0。表 7-19 给出有关的参数。

表 7-19　二次响应曲面通用旋转组合设计参数

因素数与方案	m_c	r	m_0	N
$p = 2$	4	1.414	5	13
$p = 3$	8	1.682	6	21
$p = 4$	16	2.000	7	31
$p = 5$（1/2 实施）	16	2.000	6	32

　　比较表 7-18 和表 7-19 可知，通常通用旋转设计的试验次数比正交旋转设计的次数要少，加上在单位超球体内各点的方差近似相等，因此在实用中人们喜欢采用具有通用性的设计。尽管其计算要比正交设计稍麻烦些，但是目前众多优秀的试验设计软件完全可以解决计算的问题。

7.3.2　二阶响应曲面的 Box-Behnken 设计

　　研究者经常出现希望或要求因子必须有 3 个水平。Box-Behnken 设计是

Box 与 Behnken 在 1960 年提出的由因子设计（factor design）与不完全集区设计（incomplete block design）结合而成的一些配适反应曲面的 3 水平设计。因为随机完全集区设计在某些情形下不实用，而进一步去改良成功的设计，称为不完全集区设计。Box-Behnken 设计是一种符合旋转性（rotatable）或几乎可旋转性的球面设计。何谓旋转性，即试验区域内任何一点与设计中心点的距离相等，而变异数是此点至设计中心点的距离函数，与其他因素无关，所以是一种圆形设计。并且，所有的试验点都位于等距的端点上，并不包含各变量上下水平所产生于立方体顶点的试验，避免掉很多因受限于现实考虑而无法进行的试验。Box-Behnken 设计的一项相当重要的特性就是以较少的试验次数，去估计一阶、二阶与一阶具有交互作用项的多项式模式，可称为具有效率的响应曲面设计法。它是一种不完全的 3 水平因子设计，其试验点的特殊选择使二阶模型中的系数估计比较有效。

表 7-20 列出了 3 个变量的 Box-Behnken 设计，图 7-8 是此设计的图解。

注意：Box-Behnken 设计是一个球面设计，所有设计点都在半径为 $\sqrt{2}$ 的球面上。并且，Box-Behnken 设计不包含由各个变量的上限和下线所生成的立方体区域的顶点处的任一点。当立方体顶点所代表的因子水平组合因试验成本过于昂贵或因实际限制而不可能做试验时，此设计就显示出它特有的长处。

表 7-20　三个变量的 Box-Behnken 设计

试验	x_1	x_2	x_3	试验	x_1	x_2	x_3
1	−1	1	0	9	0	−1	−1
2	−1	1	0	10	0	−1	1
3	1	−1	0	11	0	l	−1
4	1	1	0	12	0	1	1
5	−1	0	−1	13	0	0	0
6	−1	0	l	14	0	0	0
7	1	0	l	15	0	0	0
8	1	0	1				

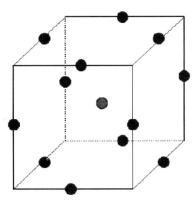

图 7-8　三因子三水平 Box-Behnken 设计的试验点

有若干软件可以实现该设计，如 Design-Expert 中具有专门进行 Box-Behnken 设计的模块。在 Design-Expert 中，要得到表 7-20 所列的 Box-Behnken 设计，可以采用相应的功能完成。

7.3.3　基于多元正交多项式的响应曲面设计

基于多元正交多项式的响应曲面设计，是由各个一元正交多项式按正交原则组合而成的设计，它也要求同一因素的各水平间隔必须相等，且应进行全面的试验。

对于 p 因素试验，基于多元正交多项式的响应曲面方程为

$$E\left(y\right)=\beta_0+\sum_{j=1}^{p}\sum_{\alpha=1}^{b_j-1}\beta_{\alpha j}z_j^{\alpha}+\sum_{h<j}\beta_{jh}^{(\alpha\beta)}z_j^{\alpha}z_h^{\beta} \tag{7-55}$$

$$h,j=1,2,\cdots,p;\ \alpha=1,2,\cdots,b_j-1;\ \beta=1,2,\cdots,b_h-1$$

式中，b_h，b_j 分别为 z_h，z_j 的水平数；

z_j^{α} 为因素 z_j 的 α 次项；

z_j^{β} 为因素 z_j 的 β 次项；

β_{ij} 为 z_j^{α} 的待估系数；

$\beta_{jh}^{(\alpha\beta)}$ 为交叉项 $z_j^{\alpha}z_h^{\beta}$ 的待估系数。

基于多元正交多项式的响应曲面设计的基本步骤与一元正交多项式响应曲面一样。具体设计时，关键是构造计算规格表。其实质是对自变量进行适当的变换，获得新的多项式变量，使新变量之间满足正交性，这样就消除了变量之间的多重相关性，从而增加了响应曲面方程拟合的准确度。

需要指出的是基于多元正交多项式的响应曲面设计一般需要进行全面试验，但从获取信息的角度上讲，它是饱和设计。因为假定模型的系数个数正好等于全面试验的次数。但在实际中，通常各因素取到二次项，并考虑一级交互作用。

例 7-3 设某种合金的膨胀系数 y 与该合金的 3 种金属含量 z_1，z_2，z_3 有关系，且金属成分 z_3 仅与合金膨胀系数 y 呈线性关系，与其他金属成分间无交互作用。因素水平及编码表见表 7-21 所列，试根据正交多项式进行响应曲面设计。

表 7-21　三元正交多项式响应曲面设计因素水平及编码表

水平	因素		
	$z_1(\%)$	$z_2(\%)$	$z_3(\%)$
1	33	3	0
2	36	6	—
3	39	9	1.9
Δj	3	3	19 / 20
编码公式	$(z_1 - 36) / 3$	$(z_2 - 6) / 3$	$20(z_3 - 0.95) / 19$

根据题意，模型可假定为

$$
\begin{aligned}
E(y) = {} & \beta_0 + \beta_{11}Z_1(z_1) + \beta_{21}Z_2(z_1) + \beta_{12}Z_1(z_2) + \beta_{22}Z_2(z_2) \\
& + \beta_{12}^{(11)}Z_1(z_1)Z_1(z_2) + \beta_{12}^{(12)}Z_1(z_1)Z_2(z_2) + \beta_{12}^{(21)}Z_2(z_1)Z_1(z_2) \quad (7\text{-}56) \\
& + \beta_{12}^{(22)}Z_2(z_1)Z_2(z_2) + \beta_{13}Z_1(z_3)
\end{aligned}
$$

式中，

$$\begin{cases} Z_1(z_1) = \psi_1(z_1) = \dfrac{z_1 - \overline{z}_1}{\Delta_1} = \dfrac{1}{3}(z_1 - 36), \\[3mm] Z_2(z_1) = 3\psi_2(z_1) = 3\left[\left(\dfrac{z_1 - \overline{z}_1}{\Delta_1}\right)^2 - \dfrac{N^2 - 1}{12}\right] = \dfrac{1}{3}(z_1 - 36)^2 - 2 \end{cases} \tag{7-57}$$

$$\begin{cases} Z_1(z_2) = \psi_1(z_1) = \dfrac{z_2 - \overline{z}_2}{\Delta_2} = \dfrac{1}{3}(z_2 - 6), \\[3mm] Z_2(z_2) = 3\psi_2(z_2) = 3\left[\left(\dfrac{z_2 - \overline{z}_2}{\Delta_2}\right)^2 - \dfrac{N^2 - 1}{12}\right] = \dfrac{1}{3}(z_1 - 36)^2 - 2, \\[3mm] Z_1(z_3) = 2\psi_1(z_3) = \dfrac{2(z_3 - \overline{z}_3)}{\Delta_3} = \dfrac{20}{19}(z_3 - 0.95) \end{cases} \tag{7-58}$$

于是，响应曲面方程（7-56）中的各个系数的计算和显著性检验仍可在计算格式表中进行。

设计计算格式实际上就是构造方程（7-56）的结构矩阵。具体设计时，各项正交多项式在计算格式表中均占一列，常数项 β_0 的正交多项式 $\psi_0 = 1$ 放在第一列；对于 $Z_1(z_1)$，$Z_2(z_1)$，$Z_1(z_2)$，$Z_2(z_2)$，$Z_1(z_3)$，应分别按 $N = 3, 3, 2$ 时的一元情形查正交多项式表，再将具体的值排入相应的列中，其余各交互作用项的值等于相应列中数值之乘积，如 $Z_1(z_1)$，$Z_2(z_2)$ 即为 $Z_1(z_1)$ 列与 $Z_2(z_2)$ 列的对应值之积，见表 7-22 所列。

本例中，全面试验需要 $3 \times 3 \times 2 = 18$ 次，测得 18 炉合金在温度 450 ℃下的膨胀系数 y，见表 7-22 所列。

$$\begin{cases} D_j = \sum_{i=1}^{N}\left[\lambda_i \psi_i(z_i)\right]^2 \\[3mm] B_j = \sum_{i=1}^{N}\left[\lambda_j \psi_j(z_i)\right] y_i \end{cases} \tag{7-59}$$

表 7-22　试验方案及计算格式表

编号	z_1/%	z_2/%	z_3/%	Ψ_0	$Z_1(z_1)$	$Z_2(z_1)$	$Z_1(z_2)$	$Z_2(z_2)$	$Z_1(z_1)Z_1(z_2)$	$Z_1(z_1)Z_2(z_2)$	$Z_2(z_1)Z_1(z_2)$	$Z_2(z_1)Z_2(z_2)$	$Z_1(z_3)$	y_i	y^2_i
1	33	3	0	1	−1	1	−1	1	1	−1	−1	1	−1	3.32	11.0224
2	33	3	1.9	1	−1	1	−1	1	1	−1	−1	1	1	3.11	9.6721
3	33	6	0	1	−1	1	0	−2	0	0	0	−2	−1	1.71	2.9241
4	33	6	1.9	1	−1	1	0	−2	0	0	0	−2	1	1.49	2.2201
5	33	9	0	1	−1	1	1	1	−1	1	1	1	−1	0.52	0.2704
6	33	9	1.9	1	−1	1	1	1	−1	1	1	1	1	1.15	1.3225
7	36	3	1.9	1	0	−2	−1	1	0	2	2	−2	−1	1.61	2.5921
8	36	3	1.9	1	0	−2	−1	1	0	2	2	−2	1	1.55	2.4025
9	36	6	0	1	0	−2	0	−2	0	0	0	4	−1	0.91	0.8281
10	36	6	1.9	1	0	−2	0	−2	0	0	0	4	1	1.60	2.5600
11	36	9	0	1	0	−2	1	1	0	−2	−2	−2	−1	0.95	0.9025
12	36	9	1.9	1	0	−2	1	1	0	−2	−2	−2	1	1.90	3.6100
13	39	3	0	1	1	1	−1	1	−1	−1	−1	1	−1	1.06	1.1236
14	39	3	1.9	1	1	1	−1	1	−1	−1	−1	1	1	1.95	3.8025
15	39	6	0	1	1	1	0	−2	0	0	0	−2	−1	1.47	2.1609
16	39	6	1.9	1	1	1	0	−2	0	0	0	−2	1	2.16	4.6656
17	39	9	0	1	1	1	1	1	1	1	1	1	−1	2.35	5.5225
18	39	9	1.9	1	1	1	1	1	1	1	1	1	1	3.34	11.1556
			D_j	18	12	36	12	36	8	24	24	72	18	32.15	68.7575
			B_j	32.15	1.03	6.59	−2.39	4.13	7.44	−0.26	−1.46	1.36	4.35		
			$\hat{\beta}_j$	1.786	0.086	0.183	−0.199	0.115	0.930	−0.011	−0.061	0.019	0.242	$S_T^2=11.334$	
			S_j^2		0.088	1.206	0.476	0.474	6.919	0.033	0.089	0.026	1.051	$f_T=17$	
			F_j		2.06	28.27	11.16	11.11	162.16		2.09		24.63	$S_e^2=0.128$	
			α_j		0.25	0.05	0.05	0.05	0.01		0.25		0.05	$f_e=3$	

则回归系数 β_j 的估计值为

$$\hat{\beta}_j = \frac{B_j}{D_j} \qquad (7\text{-}60)$$

各项的离差平方和为

$$S_j^2 = \hat{\beta}_j B_j \qquad (7\text{-}61)$$

系数检验的 F 值为

$$F_j = \frac{S_j^2 / f_j}{S_e^2 / f_e} \qquad (7\text{-}62)$$

整个计算过程在表 7-22 中进行。

由简单的极差分析可得 z_1，z_2，z_3 的最优水平组合，为 $z_{11}z_{32}z_{13}$，即因素 z_1 的 1 水平，z_2 的 3 水平和 z_3 的 1 水平，也即 5 号试验的组合条件。为估计试验误差，进行失拟检验，同时进一步参考最优水平组合的试验结果，将 5 号试验再重复做 3 次，测得的试验数据见表 7-23 所列。

表 7-23　最优组合的重复试验数据表

试验号	因素			
	x_1	x_2	x_3	x_4
1	33%	9%	0%	0.52%
2	33%	9%	0%	0.40%
3	33%	9%	0%	0.75%
4	33%	9%	0%	0.85%

由此计算出误差的平方和为

$$S_{e_0}^2 = \sum\nolimits_{i_0=1}^4 y_{i_0}^2 - \frac{1}{4}\left(\sum\nolimits_{i_0=1}^4 y_{i_0}\right)^2 = 0.128$$

$$f_{e_0} = 4 - 1 = 3$$

（7-63）

回归系数的计算与显著性检验见表 7-22 所列。显然若剔除不显著项（包括 $\alpha = 0.25$ 项），则

$$S_R^2 = S_{Z_1(z_1)}^2 + S_{Z_2(z_2)}^2 + S_{Z_1(z_1)Z_1(z_3)}^2 = 10.126$$

$$f_R = 5$$

$$S_T^2 = \sum\nolimits_{i=1}^{18} y_2^2 - \frac{1}{18}\left(\sum\nolimits_{i=1}^{18} y_i\right)^2 = 11.334, f_T = 17$$

$$S_0^2 = S_T^2 - S_R^2 = 11.334 - 10.126 = 1.208, f_e = 12$$

（7-64）

于是

$$F_R = \frac{S_R^2 / f_R}{S_e^2 / f_e} = \frac{10.126/5}{1.208/12} = 20.12$$

$$> F_{0.01}(5,12) = 5.06$$

（7-65）

由于

$$\hat{y} = \beta_0 + \beta_{21} Z_2(z_1) + \beta_{12} Z_1(z_2) + \beta_{22} Z_2(z_0)$$
$$+ \beta_{12}^{(11)} Z_1(z_1) Z_1(z_2) + \beta_{13} Z_1(z_3)$$
$$= 1.786 + 0.183 \times (+1) - 0.199 \times (+1) + 0.115 \times (+1)$$
$$+ 0.93 \times (-1) + 0.242 \times (-1)$$
$$= 0.713$$

（7-66）

$$\overline{y}_0 = \frac{1}{4}\sum_{i_0}^{4} y_{i_0} = 0.63$$

$$F = \frac{\left(\hat{y}_0 - \overline{y}_0\right)^2}{S_e^2 / f_e} = \frac{\left(0.713 - 0.63\right)^2}{0.128/3} = 0.16 \tag{7-67}$$

可见响应曲面方程

$$\hat{y} = 1.786 + 0.183Z_2\left(z_1\right) - 0.199Z_1\left(z_2\right) + 0.115Z_2\left(z_2\right)$$
$$+ 0.93Z_1\left(z_1\right)Z_1\left(z_2\right) + 0.242Z_1\left(z_3\right) \tag{7-68}$$

显著。将（7-57）和（7-58）代入响应曲面方程（7-68）中，经整理可得三元多项式响应曲面方程：

$$\hat{y} = 104.102 - 5.012z_1 + 0.06z_1^2 - 4.246z_2 + 0.038z_2^2$$
$$+ 0.103z_1z_2 + 0.255z_3 \tag{7-69}$$

顺便指出，响应曲面方程（7-68）和方程（7-69）都可以用来预测该合金钢的膨胀系数。误差的方差 σ_e^2 的估计值为

$$\hat{\sigma}_e^2 = S_e^2 / f_e = 0.0427$$
$$\sigma_e = \sqrt{0.0427} = 0.207 \tag{7-70}$$

因此，预测指标 y 的 95% 置信区间为 $\hat{y} \pm 0.414$。

7.4 响应曲面法在盲孔填铜添加剂配方优化中的应用

盲孔孔金属化工艺作为电路板制造工艺中的重要一环，采用填铜结构

可以实现电路板层间的电路导通性。为了实现良好的填铜效果，需要确保盲孔孔底的铜沉积速率高于孔口位置，从而实现超等角填充效果。在这过程中，填孔镀液中的各种添加剂之间的交互作用直接影响着填镀工艺的顺利进行。

7.4.1 配方参数的响应曲面分析

本节利用哈林槽来进行模拟试验，根据实际生产条件，控制各添加剂的范围，采用中心复合设计来安排试验，得出光亮剂 (A)、整平剂 (B)、运载剂 (C)的因素水平表，见表 7-24 所列。

表 7-24 添加剂响应曲面分析的因素水平表

水平	因素		
	光亮剂 (mL/L) (A)	整平剂 (mL/L) (B)	运载剂 (mL/L) (C)
−1	0.50	10.00	7.00
0	1.00	15.00	12.00
1	1.50	20.00	17.00
−1.682	0.16	6.59	3.59
+1.682	1.84	23.41	20.41

在试验过程中，微盲孔填充率被作为试验指标。中心复合设计表及试验数据结果见表 7-25 所列。

表 7-25 响应曲面中心复合设计表及试验结果

试验号	因素			试验指标
	A（光亮剂）	B（整平剂）	C（运载剂）	填充率
1	0.50	10.00	7.00	93.84%
2	1.50	10.00	7.00	91.00%
3	0.50	20.00	7.00	84.80%
4	1.50	20.00	7.00	90.76%

试验号	因素			试验指标
	A（光亮剂）	B（整平剂）	C（运载剂）	填充率
5	0.50	10.00	17.00	94.48%
6	1.50	10.00	17.00	87.68%
7	0.50	20.00	17.00	89.47%
8	1.50	20.00	17.00	93.04%
9	0.16	15.00	12.00	87.17%
10	1.84	15.00	12.00	89.00%
11	1.00	6.59	12.00	95.15%
12	1.00	23.41	12.00	88.13%
13	1.00	15.00	3.59	90.09%
14	1.00	15.00	20.41	94.79%
15	1.00	15.00	12.00	97.48%
16	1.00	15.00	12.00	96.96%
17	1.00	15.00	12.00	96.81%
18	1.00	15.00	12.00	96.88%
19	1.00	15.00	12.00	97.18%
20	1.00	15.00	12.00	97.03%

　　Minitab 软件的响应曲面分析可以同时考虑多个因素，通过等值线图、曲面图可视化展示响应曲面和影响因素之间的关系。本节使用其对试验数据进行曲面响应分析。

　　首先，打开 Minitab 软件，制作响应曲面中心复合设计表。依次选择工具栏中的"统计"→"DOE"→"响应曲面"→"创建响应曲面设计"，调出"创建响应曲面设计"对话框，如图 7-9 所示。

图 7-9　Minitab 软件响应曲面设计调出步骤对话框

设计类型选择中心复合和连续因子数，并选择相应的因子数，点击"设计"，选择中心点数和 Alpha 值，点击"确定"，即可生成中心复合设计表，过程如图 7-10 所示，生成的中心复合设计表如图 7-11 所示，将试验结果填入图 7-11 的中心复合设计表中。

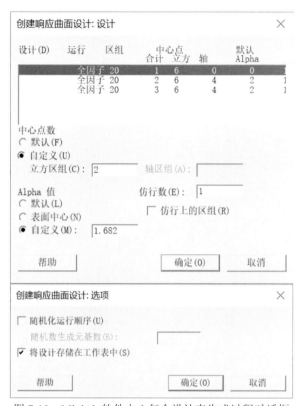

图 7-10 Minitab 软件中心复合设计表生成过程对话框

	C1	C2	C3	C4	C5	C6	C7	C8
	标准序	运行序	点类型	区组	光亮剂 (mL/L)	整平剂 (mL/L)	运载剂 (mL/L)	填充率 (%)
1	1	1	1	1	0.50	10.00	7.00	93.84
2	2	2	1	1	1.50	10.00	7.00	91.00
3	3	3	1	1	0.50	20.00	7.00	84.80
4	4	4	1	1	1.50	20.00	7.00	90.76
5	5	5	1	1	0.50	10.00	17.00	94.48
6	6	6	1	1	1.50	10.00	17.00	87.68
7	7	7	1	1	0.50	20.00	17.00	89.47
8	8	8	1	1	1.50	20.00	17.00	93.04
9	9	9	-1	1	0.16	15.00	12.00	87.17
10	10	10	-1	1	1.84	15.00	12.00	89.00
11	11	11	-1	1	1.00	6.59	12.00	95.15
12	12	12	-1	1	1.00	23.41	12.00	88.13
13	13	13	-1	1	1.00	15.00	3.59	90.09
14	14	14	-1	1	1.00	15.00	20.41	94.79
15	15	15	0	1	1.00	15.00	12.00	97.48
16	16	16	0	1	1.00	15.00	12.00	96.96
17	17	17	0	1	1.00	15.00	12.00	96.81
18	18	18	0	1	1.00	15.00	12.00	96.88
19	19	19	0	1	1.00	15.00	12.00	97.18
20	20	20	0	1	1.00	15.00	12.00	97.03

图 7-11 Minitab 软件响应曲面设计生成的中心复合设计表

其次，进行数据分析。依次选择工具栏中的"统计"→"DOE"→"响应曲面"→"分析响应曲面设计"选项，调出"分析响应曲面设计"对话框，将试验数值选择到"响应"中，如图 7-12 所示。

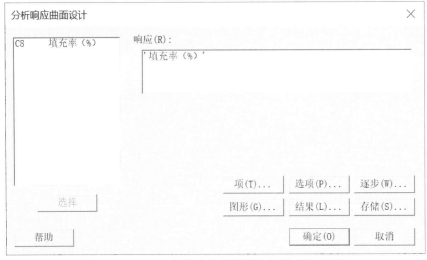

图 7-12　Minitab 软件响应曲面设计分析过程对话框

点击"确定"按钮，即可得到填充率 (%) 与光亮剂 (mL/L)、整平剂 (mL/L)、运载剂 (mL/L) 的响应曲面设计分析结果，见表 7-26～表 7-28 所列和如图 7-13 所示。

表 7-26 响应曲面回归：填充率 (%) 与光亮剂 (mL/L)、整平剂 (mL/L)、运载剂 (mL/L)

已编码系数项	系数	系数标准误	T	P	方差膨胀因子
常量	80.110 00	4.230 00	18.92	0.000	
光亮剂 (mL/L)	14.780 00	3.020 00	4.90	0.001	41.38
整平剂 (mL/L)	0.381 00	0.338 00	1.13	0.285	51.77
运载剂 (mL/L)	1.279 00	0.315 00	4.06	0.002	45.02
光亮剂 (mL/L)* 光亮剂 (mL/L)	−12.459 00	0.915 00	−13.61	0	16.22
整平剂 (mL/L)* 整平剂 (mL/L)	−0.074 03	0.009 14	−8.10	0	35.12
运载剂 (mL/L)* 运载剂 (mL/L)	−0.062 72	0.009 14	−6.87	0	22.84
光亮剂 (mL/L)* 整平剂 (mL/L)	0.959 00	0.123 00	7.82	0	23.18
光亮剂 (mL/L)* 运载剂 (mL/L)	−0.317 00	0.123 00	−2.59	0.027	17.65
整平剂 (mL/L)* 运载剂 (mL/L)	0.048 10	0.012 30	3.93	0.003	26.20

其中，$S = 0.867\,214$，$R\text{-}Sq = 97.54\%$，$R\text{-}Sq$（调整）$= 95.32\%$，$R\text{-}Sq$（预测）$= 81.74\%$

表 7-27 R 的方差分析

来源	自由度	$Adj\ SS$	$Adj\ MS$	F	P
模型	9	298.023	33.114	44.03	0
线性	3	25.639	8.546	11.36	0.001
光亮剂 (mL/L)	1	18.021	18.021	23.96	0.001
整平剂 (mL/L)	1	0.958	0.958	1.27	0.285
运载剂 (mL/L)	1	12.405	12.405	16.49	0.002
平方	3	192.470	64.157	85.31	0

（续表）

来源	自由度	*Adj SS*	*Adj MS*	*F*	*P*
光亮剂 (mL/L)*光亮剂 (mL/L)	1	139.336	139.336	185.27	0
整平剂 (mL/L)*整平剂 (mL/L)	1	49.392	49.392	65.68	0
运载剂 (mL/L)*运载剂 (mL/L)	1	35.453	35.453	47.14	0
双因子交互作用	3	62.569	20.856	27.73	0
光亮剂 (mL/L)*整平剂 (mL/L)	1	45.936	45.936	61.08	0
光亮剂 (mL/L)*运载剂 (mL/L)	1	5.04	5.04	6.7	0.027
整平剂 (mL/L)*运载剂 (mL/L)	1	11.592	11.592	15.41	0.003
误差	10	7.521	0.752		
失拟	5	7.224	1.445	24.36	0.002
纯误差	5	0.297	0.059		
合计	19	305.543			

以未编码单位表示的回归方程：

填充率 (%) = 80.11 + 14.78 光亮剂 (mL/L) + 0.381 整平剂 (mL/L) + 1.279 运载剂 (mL/L) − 12.459 光亮剂 (mL/L)*光亮剂 (mL/L) − 0.074 03 整平剂 (mL/L)*整平剂 (mL/L) − 0.062 72 运载剂 (mL/L)*运载剂 (mL/L) + 0.959 光亮剂 (mL/L)*整平剂 (mL/L) − 0.317 光亮剂 (mL/L)*运载剂 (mL/L) + 0.0481 整平剂 (mL/L)*运载剂 (mL/L)

表 7-28 异常观测值的拟合和诊断

观测值	填充率(%)	拟合值	残差	标准化残差
3	84.8	83.492	1.308	2.62R
6	87.68	88.746	−1.066	−2.14R
12	88.13	89.257	−1.127	−2.07R
		R 残差大		

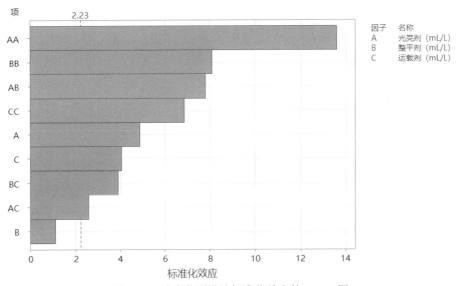

图 7-13 响应曲面设计标准化效应的 Pareto 图

基于表 7-27 和图 7-13，经由试验结果的多元回归拟合，可得到以盲孔填充率为响应值的回归模型：

$$Y = 80.11 + 14.78x_1 + 0.381x_2 + 1.279x_3 - 12.46x_1^2 - 0.07403x_2^2$$
$$- 0.0627x_3^2 + 0.959x_1x_2 - 0.317x_1x_2 + 0.0481x_2x_3 \tag{7-71}$$

式中，Y 为填充率 (%)；

   x_1 为光亮剂浓度 (mL/L)；

   x_2 为整平剂浓度 (mL/L)；

   x_3 为运载剂浓度 (mL/L)。

对该模型进行的方程方差分析和显著性检验的结果见表 7-27 所列。该结果表明：填孔镀液中的光亮剂、整平剂和运载剂的含量对盲孔填充效果有较大影响，各因子间的交互作用明显。在试验设计范围内，该模型的回归显著 ($P < 0.05$)，模型的多元相关系数 $R - Sq = 97.54\%$，修正的多元相关系数 $R - Sq$（调整）$= 95.32\%$，说明模型能解释 95.32% 的响应值的变化，与实际试验拟合良好，试验误差小，证明用该模型来优化盲孔填充率是可行的。

从表 7-28 中还可以看出，在试验浓度范围内，从单因素影响来看，对盲孔填充影响最大的是光亮剂和运载剂，整平剂次之。在各添加剂的交互作用下，它们对盲孔填充的影响顺序是：（光亮剂*整平剂）>（整平剂*运载剂）>（光亮剂*运载剂）。

7.4.2 配方的响应优化

绘制残差的正态图，用于确认模型的适合性。残差是从实际测量值中剪掉回归模型适合的值。残差越小，说明回归模型越能准确说明实际观测结果。依次选择工具栏中的"统计"→"回归"→"拟合回归模型"选项，调出"回归"对话框，如图 7-14 所示，将"填充率 (%)"选择为响应，"光亮剂 (mL/L)，整平剂 (mL/L)，运载剂 (mL/L)"选择为连续预测变量，点击"图形"，效应图选择"Pareto"，残差图选择"单独示图"中的"残差的正态概率图"，过程如图 7-15 所示，点击"确定"，生成以填充率为响应值的二次方程模型残差正态图，如图 7-16 所示。

从残差图可以看出，大部分的真实值都接近预测值，对称分布在预测值的两侧，说明该模型与实际结果拟合较好。

文件(F)　编辑(E)　数据(A)　计算(C)　统计(S)　图形(G)　查看(V)　帮助(H)　协助(N)　预测分析模块(P)　其他工具(T)

	C1	C2			基本统计(B)	▶					C7	C8	☑
	标准序	运行序	点类		回归(R)	▶	拟合线图(F)...			拟合回归模型(F)...		(%)	
1	1	1			方差分析(A)	▶	回归(R)	▶		最佳子集(B)...		93.84	
2	2	2			DOE(D)	▶	非线性回归(E)...			预测(P)...		91.00	
3	3	3			控制图(C)	▶	稳定性研究(S)	▶		因子图(A)...		84.80	
4	4	4			质量工具(Q)	▶	正交回归(T)...			等值线图(I)...		90.76	
5	5	5			可靠性/生存(L)	▶	偏最小二乘(P)...			曲面图(U)...		94.48	
6	6	6			预测分析(V)	▶	二值拟合线图(B)...			重叠等值线图(V)...		87.68	
7	7	7			多变量(M)	▶	二值 Logistic 回归(L)	▶		响应优化器(O)...		89.47	
8	8	8			时间序列(S)	▶	顺序 Logistic 回归(O)...			17.00		93.04	
9	9	9			表格(T)	▶	名义 Logistic 回归(N)...			12.00		87.17	
10	10	10			非参数(N)	▶	Poisson 回归(I)	▶		12.00		89.00	
11	11	11			等价检验(E)	▶	1.00		6.59	12.00		95.15	
					功效和样本数量(P)	▶							

回归　　　　　　　　　　　　　　　　　　　　　　　　　　　　　　　×

C1　标准序
C2　运行序
C3　点类型
C4　区组
C5　光亮剂（mL/L
C6　整平剂（mL/L
C7　运载剂（mL/L
C8　填充率（%）

响应(E)：

连续预测变量(C)：

类别预测变量(A)：

模型(M)...　　选项(N)...　　编码(D)...　　逐步(S)...

选择　　　　验证(V)...　　图形(G)...　　结果(R)...　　存储(T)...

帮助　　　　　　　　　　　　　　　　　　确定(O)　　取消

图 7-14　Minitab 软件拟合回归模型生成过程对话框

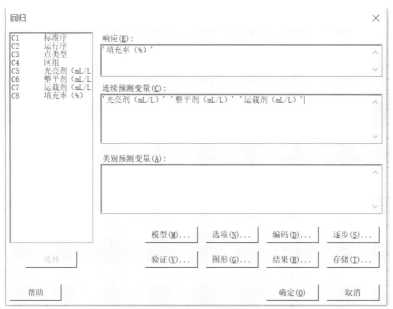

图 7-15 Minitab 软件回归分析过程对话框

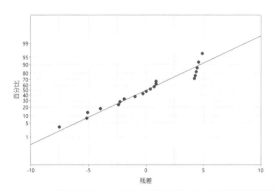

图 7-16 Minitab 软件以填充率为响应值的二次方程模型残差正态图

图 7-17 Minitab 软件等值线图生成过程对话框

　　然后绘制等值线图和曲面图，依次选择工具栏中的"统计"→"DOE"→"响应曲面"→"等值线图"选项，调出"等值线图"对话框，选择"为所有连续变量对生成图"，点击"确定"，即可生成等值线图，过程如图7-17 所示，生成的等值线图如图7-18 所示；同样的过程也可以生成曲面图，过程如图7-19 所示，生成的等值线图如图7-20 所示。

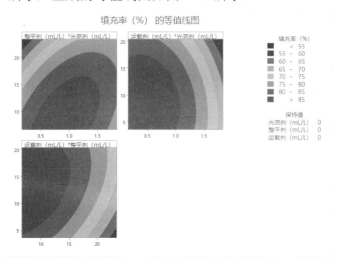

图 7-18　Minitab 软件生成的以填充率为响应值的等值线图

文件(F) 编辑(E) 数据(A) 计算(C)	统计(S)	图形(G) 查看(V) 帮助(H) 协助(N) 预测分析模块(P) 其他工具(T)			
	基本统计(B) ▶				
	回归(R) ▶	**C5**	**C6**	**C7**	**C**
	方差分析(A) ▶	(mL/L) 整平剂 (mL/L)	运载剂 (mL/L)	填充率	
	DOE(D) ▶	筛选(S) ▶ 10.00	7.00		
	控制图(C) ▶	因子(F) ▶ 10.00	7.00		
	质量工具(Q) ▶	响应曲面(R) ▶ 田 创建响应曲面设计(C)...			
	可靠性/生存(L) ▶	混料(X) ▶ 自定义响应曲面设计(D)...			
	预测分析(V) ▶	田口(T) ▶ 田 选择最优设计(S)...			
	多变量(M) ▶	修改设计(M)... 分析响应曲面设计(A)...			
	时间序列(S) ▶	显示设计(D)... 分析二值响应(E)...			
	表格(T) ▶	1.50 预测(P)...			
	非参数(N) ▶	0.16 因子图(F)...			
	等价检验(E) ▶	1.84 等值线图(N)...			
	功效和样本数量(P) ▶	1.00 曲面图(U)...			
		1.00 重叠等值线图(O)...			
		1.00 响应优化器(R)...			

图 7-19　Minitab 软件曲面图生成过程对话框

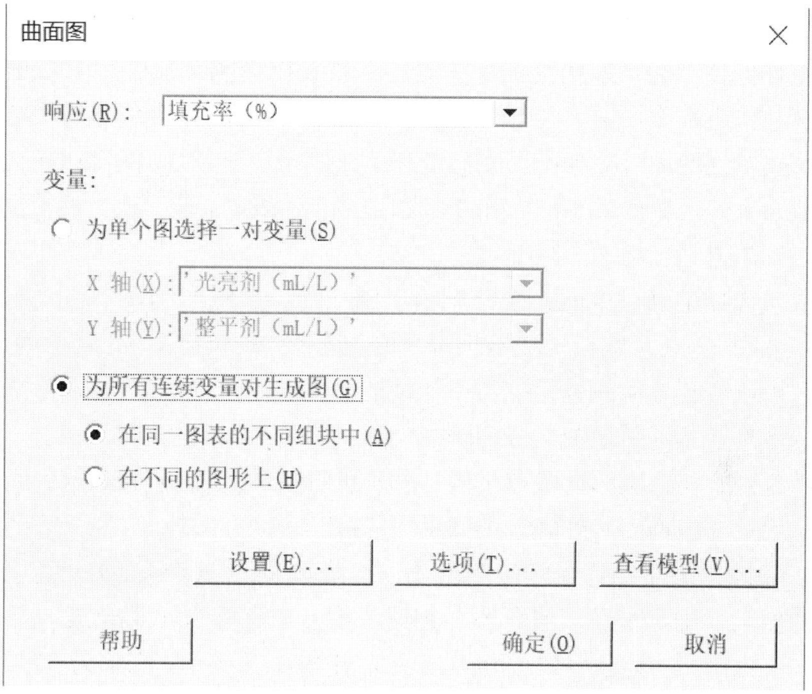

曲面图
响应(R)：
填充率（%）
变量：
为单个图选择一对变量(S)
X 轴(X)：'光亮剂（mL/L）'
Y 轴(Y)：'整平剂（mL/L）'
为所有连续变量对生成图(G)
在同一图表的不同组块中(A)
在不同的图形上(H)
设置(E)...
选项(T)...
查看模型(V)...
帮助
确定(O)
取消

图 7-19 Minitab 软件曲面图生成过程对话框（续）

填充率（%）的曲面图
保持值
光亮剂（mL/L） 0
整平剂（mL/L） 0
运载剂（mL/L） 0
填充率（%）
光亮剂（mL/L）
整平剂（mL/L）
运载剂（mL/L）

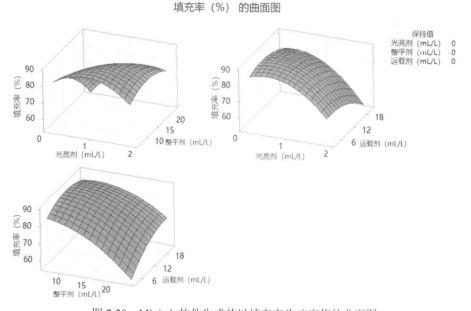

图 7-20 Minitab 软件生成的以填充率为响应值的曲面图

图 7-20 分别为光亮剂、整平剂和运载剂相互之间的响应曲面图，可以直观地分析各添加剂间的交互作用对盲孔填充的影响，从中可以看出三者间的交互作用非常明显。当整平剂和运载剂不变时，随着光亮剂的增加，盲孔填充率先增加后减小；当光亮剂和整平剂不变时，随着运载剂的增加，盲孔填充率先增加后减小；当光亮剂和运载剂不变时，随着整平剂的增加，盲孔填充率也是先增加后减小。

依次选择工具栏中的"统计"→"DOE"→"响应曲面"→"响应优化器"选项，调出"响应优化器"对话框，选择"最大化"，点击"确定"，即可分析在盲孔填镀的过程中各添加剂的最佳条件，过程如图 7-21 所示，生成的多响应预测图如图 7-22 所示。

在各因素在选取的试验范围内，根据回归模型利用 Minitab 软件对试验进行优化，分析在盲孔填镀的过程中各添加剂的最佳条件：光亮剂为 0.9236 mL/L，整平剂为 12.7054 mL/L，运载剂为 12.7645 mL/L。为了实际操作的便利，确定盲孔填镀各添加剂的浓度：光亮剂为 0.9 mL/L，整平剂为 12.7 mL/L，运载剂为 12.7 mL/L，在最佳条件下盲孔填充率为 97.38% 与预测值 97.45% 基本一致，达到了参数优化的目的。

图 7-21　Minitab 软件响应优化器生成过程对话框

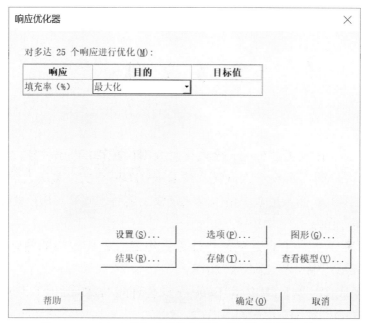

图 7-21　Minitab 软件响应优化器生成过程对话框（续）

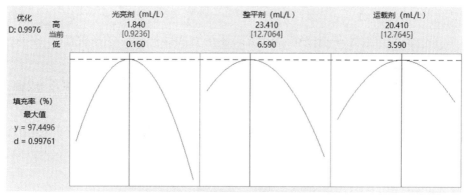

图 7-22　Minitab 软件生成的多响应预测

参 考 文 献

[1] 汪洋. 刚挠结合板的孔金属化研究[D]. 成都：电子科技大学，2006.

[2] 邓银. 柠檬酸金钾无氰镀金技术研究[D]. 重庆：重庆大学，2011.

[3] 董颖韬. 嵌入挠性线路印制电路板工艺技术研究及应用[D]. 成都：电子科技大学，2014.

[4] 程东向. 印制电路高厚径比通孔电镀及铜面发白的优化研究[D]. 成都：电子科技大学，2018.

[5] 华炎生. 基于 DOE 和 Genesis 软件应用的高频混压印制电路板研究[D]. 成都：电子科技大学，2012.

[6] 李晓蔚. HDI 板制作的共性关键技术研究与应用[D]. 重庆：重庆大学，2014.

[7] 冯立. 激光在刚挠结合板窗口及精细线路应用中的研究[D]. 成都：电子科技大学，2014.

[8] 唐斌. 温度稳定型 MLCC 瓷料的研制及其改性机理研究[D]. 成都：电子科技大学，2008.

[9] 彭佳，何为，王翀，等. 添加剂之间的交互作用对盲孔填充的影响[J]. 印制电路信息，2014.